世界武器百科

早期坦克 与 二战中前期坦克

罗兴 编著

吉林美术出版社 | 全国百佳图书出版单位

前　言

古时战争主要围绕冷兵器进行，当时，为了防御刀剑、枪矛与弓箭，人们身披铠甲，手持盾牌。火药诞生后，发射枪弹与炮弹等高杀伤性热兵器逐渐普及，铠甲与盾牌难以防御，因此一种更加厚重的"铠甲"应运而生，这就是装甲。在漫长的历史发展演变中，将装甲与热兵器进行整合的设想产生时间较早，文艺复兴时期达·芬奇的手稿中就有装甲战斗车辆的概念图。

工业革命后，内燃机的诞生为装甲战斗车辆提供了稳定且可靠的动力基础。1914年第一次世界大战爆发，为了突破由机枪交叉火力所封锁的堑壕，英军首先将装甲战斗车辆投入使用，这种装甲战斗车辆被命名为"Mark I 坦克"。

20世纪30年代后，坦克进入高速发展期，轻型坦克、中型坦克以及重型坦克纷纷诞生，被称为坦克三大性能的"火力、防护性、机动性"也初步具备。第二次世界大战爆发后，德军通过坦克"闪击战"战术占领了欧洲多国，而在入侵苏联后，双方因战争需求又推动了坦克技术的飞速发展。第二次世界大战结束后，参战国整合战时经验技术，发展出了现代陆战之王——主战坦克。

今天，主战坦克具备火力、防护与机动性相对平衡的特点，同时整合信息化与自动化技术，已发展为一个高科技、高成本的地面作战平台。但是，随着近年间小型无人机的普及与使用，主战坦克也面临着全新的挑战。未来，坦克是否会向无人化、智能化发展，成为全新的地面智能作战平台，让我们拭目以待。

目 录

"水柜"系列坦克 / *001*

雷诺 FT17 轻型坦克 / *008*

T-18 轻型坦克 / *015*

BT-5 轻型坦克 / *018*

T-26 轻型坦克 / *022*

T-28 中型坦克 / *028*

35（t）轻型坦克 / *032*

二号坦克 / *036*

三号坦克 / *043*

九五式轻型坦克 / *048*

雷诺 D1 轻型坦克 / *052*

T-35 重型坦克 / *056*

BT-7 轻型坦克 / *060*

38（t）轻型坦克 / *068*

M3 轻型坦克 / *072*

M3 中型坦克 / *083*

B1 重型坦克 / *088*

T-50 轻型坦克 / *094*

Mk II "玛蒂尔达" 坦克 / *098*

KV-1 重型坦克 / *104*

KV-2 重型坦克 / *108*

九七式中型坦克 / *112*

雷诺 R-35 轻型坦克 / *117*

索玛 S-35 中型坦克 / *120*

一号坦克 F 型 / *124*

T-34 / 76 中型坦克 / *129*

四号坦克 / *144*

豹式中型坦克 / *154*

虎式重型坦克 / *161*

豹 II 中型坦克 / *170*

IS-2 重型坦克 / *174*

虎王重型坦克 / *178*

世界武器百科 WORLD WEAPONS ENCYCLOPEDIA

早期坦克与二战中前期坦克

"水柜"系列坦克

- 尺　　寸：长 8.05 米，宽 4.11 米，高 2.64 米
- 重　　量：29000 千克（雄性），28000 千克（雌性）
- 乘　　员：8 人
- 续航里程：72 千米
- 装甲厚度：6~14 毫米
- 武器配置：两门 6 磅炮，四挺维克斯机枪（雄性）；四挺维克斯机枪（雌性）
- 动力装置：一台 150 马力（1 马力 =735.499 瓦特）里卡多汽油机
- 行驶速度：最大公路速度 7.4 千米 / 小时
- 产　　地：英国

"水柜"坦克是英国在第一次世界大战中投入使用的一系列菱形坦克，主要型号有 Mk I 型、Mk II 型、Mk III 型、Mk IV 型与 Mk V 型等。"水柜"坦克通常被分为"雄性"与"雌性"坦克，"雄性"搭载火炮与机枪，"雌性"只搭载机枪。

　　第一款"水柜"坦克为 Mk I 坦克，该型号坦克于 1916 年 8 月进入英军中服役，并于 1916 年 9 月投入战场。Mk I 坦克的武器系统安装在车体侧方，坦克整体重心低，履带长度很长，因此能够在被炮弹炸得"千疮百孔"的地面上行驶。

早期坦克与二战中前期坦克

同时,这款坦克也能够穿越战壕,有着不错的越野性能。作为一款能够突破机枪交叉火力封锁的坦克,Mk I 坦克的装甲厚度为 6~12 毫米。

　　看似 Mk I 坦克在当时有着不错的装甲与火力,那么这种武器是完美的吗?Mk I 坦克的乘员为 8 人,8 名乘员分别负责操作制动器、变速箱、履带转向、武器,由于乘员较多,因此协同操作往往是第一个考验。战场环境的复杂性使车组成员协同操作的难度加大。更为致命的是,Mk I 坦克内部通风严重不良,坦克座舱内的温度通常高达 50℃,再加上气味和有毒气体难以排出,因此 Mk I 坦克乘员们的处境并没有比他们的步兵战友们强太多。

Mk II 坦克是 Mk I 坦克的首个升级型号，主要作为训练坦克使用，也分为"雄性"与"雌性"。从外观上来看，Mk II 坦克两条履带中间的车体更窄。1917 年 4 月，Mk II 坦克被投入阿拉斯战役使用。

Mk III 坦克与 Mk II 坦克同样作为训练坦克，主要在英国本土进行服役。

Mk IV 坦克则是"水柜"系列坦克中首个量产的升级型，其装甲被加厚，具备更好的防御性。同时，它能够容纳 265 升燃油的油箱使 Mk IV 坦克的续航里程达到了 56 千米，主要在 1917 年下半年被投入战场。

早期坦克与二战中前期坦克

Mk V 坦克在 Mk IV 坦克的基础上改进而来，这两款坦克的外观特征基本一致，但 Mk V 坦克的动力系列更换了更强劲的发动机，使得其机动性得以提高。Mk V 坦克于 1917 年秋季进行量产，1918 年运往法国，装备协约国军队。

第一次世界大战结束后，"水柜"系列坦克被改装为扫雷坦克与架桥工程坦克使用。值得一提的是，Mk V 坦克被加拿大军队使用至 20 世纪 30 年代初。

由于第一次世界大战的主要战斗形式为堑壕战，机枪在战场上得到大规模应用，面对由机枪交叉火力所防守的堑壕，使用手动步枪的步兵通常难以突破。为此，英国人首先研制出了这种"身披铁甲"的大型战车，以帮助步兵突破堑壕。一战中，"水柜"系列坦克主要被英军、美军当作移动堡垒与火力平台使用。

Mk IV 坦克的内舱后部

早期坦克与二战中前期坦克

"水柜"坦克的炮手位与驾驶位

雷诺 FT17 轻型坦克

- ■ 尺　　寸：长 5 米，宽 1.71 米，高 2.13 米
- ■ 重　　量：6600 千克
- ■ 乘　　员：2 人
- ■ 续航里程：35.4 千米
- ■ 装甲厚度：6~22 毫米
- ■ 武器配置：一门 37 毫米火炮或一挺机枪
- ■ 动力装置：一台 35 马力雷诺 4 缸汽油发动机
- ■ 行驶速度：最大公路速度 7.7 千米 / 小时
- ■ 产　　地：法国

>> 早期坦克与二战中前期坦克

雷诺FT17轻型坦克是法国在第一次世界大战中投入使用的轻型坦克型号，这款坦克首次采用了将炮塔安装在车体顶部的结构设计，同时炮塔能够进行360度旋转，这样的坦克布局设计一直沿用至现代坦克中。

在设计之初，雷诺FT17轻型坦克被当作一种装甲武器载具，在作战中需要和法军步兵协同，对目标阵地进行进攻。因此，这款装甲战斗车辆被设计成轻型坦克，首车于1917年3月交付法军。

雷诺FT17轻型坦克造价低廉，结构简单。从外观来看，车身装甲板多采用直角设计，以便于接合，降低了生产成本，提高了生产效率。同时，雷诺FT17轻型坦克的驾驶舱、战斗室、发动机舱采用独立舱室设计，发动机舱被钢板隔开，使得坦克内部乘员不会受到发动机运行时产生的噪声及废气影响，这样的设计被之后的坦克所沿用，非常实用。

早期坦克与二战中前期坦克

雷诺FT17轻型坦克于1918年5月31日被法国军队投入雷斯森林的战斗。法军共有21辆FT17轻型坦克协同步兵对德军阵地发起了进攻，并成功占领了一部分德军阵地。但在战斗中，FT17轻型坦克的问题也逐渐浮现出来，比如装甲较为薄弱。在近距离的战斗中，德军毛瑟步枪发射的7.92毫米×57毫米全威力步枪弹甚至会对FT17轻型坦克的装甲造成损伤，虽不至于击穿，但会震碎内部装甲，对坦克乘员造成伤害。因此经过一天的战斗，法军与德军战至傍晚时，法军仅剩3辆FT17轻型坦克能够继续战斗。

尽管如此，雷诺FT17轻型坦克仍在第一次世界大战中被法国军队大量装备，总数量超过3000辆。但由于在设计时没有考虑保养和维护问题，因此该款坦克在战斗中经常趴窝。由此可见，实际战场情况并非纸面数据，因此武器设计人员需要掌握实际战场情况。

除此之外，雷诺FT17轻型坦克在第二次世界大战中仍有使用。

二战中，德军侵占法国全境后，缴获了一批雷诺FT17轻型坦克。当德军在东线战场面对苏军的攻势节节失利时，英、美军队在诺曼底成功登陆并快速推进。为了延缓英、美军队的攻势，一部分缴获的雷诺FT17轻型坦克被德军投入巴黎的巷战中，但由于技术过时，并未在战斗中发挥什么作用。

早期坦克与二战中前期坦克

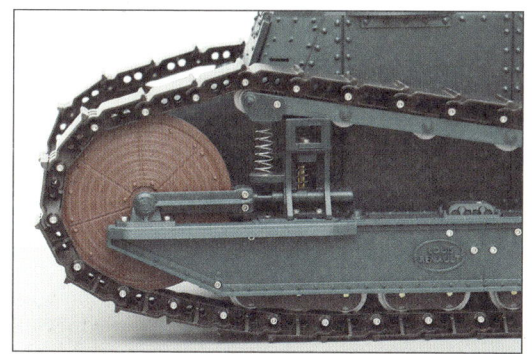

世界武器百科
WORLD WEAPONS ENCYCLOPEDIA

014

>> 早期坦克与二战中前期坦克

T-18 轻型坦克

- 重　　量：4760 千克
- 乘　　员：2 人
- 装甲厚度：16 毫米
- 武器配置：一门 37 毫米火炮，一挺机枪
- 行驶速度：32 千米/小时
- 产　　地：苏联

T-18轻型坦克也称"1927年式MS-1小型护卫坦克",是苏联自主设计的一款轻型坦克型号,这款坦克以法国雷诺FT17轻型坦克为蓝本改进而成,因此沿用了经典的车体顶部安装旋转炮塔的布局设计。1927年6月,T-18轻型坦克定型,次年被苏军采用,并由列宁格勒布尔什维克工厂进行生产。

T-18轻型坦克的动力装置为一台35马力的4缸发动机,变速箱提供4个前进挡与1个倒车挡。主武器为一门37毫米火炮,备弹104发。

在后续的改进型号中,T-18轻型坦克将动力装置更换为一台40马力的发动机,使得机动性有所提升。在后来的战斗中,T-18轻型坦克暴露出可靠性不佳的问题,因此在20世纪30年代初逐渐退居二线,一些T-18轻型坦克被苏军作为固定火力点使用。

苏德战争爆发后,600余辆T-18轻型坦克换装45毫米火炮,作为固定或移动火力点使用,最后的参战记录可追溯至1941年9月至1942年1月的莫斯科保卫战。

早期坦克与二战中前期坦克

BT-5 轻型坦克

- 尺　　寸：长 5.58 米，宽 2.23 米，高 2.25 米
- 重　　量：11500 千克
- 乘　　员：3 人
- 续航里程：200 千米
- 装甲厚度：6~13 毫米
- 武器配备：一门 45 毫米火炮，一挺 7.62 毫米机枪
- 动力装置：一台 400 马力 M-5 汽油发动机
- 行驶速度：72 千米 / 小时
- 产　　地：苏联

早期坦克与二战中前期坦克

BT-5 轻型坦克是苏联在 20 世纪 30 年代初研制的一款轻型坦克，其命名中的"BT"为俄文"Быстроходныйтанк"罗马化后"BystrokhodnyTank"的缩写，可译为"快速移动坦克"或"高速坦克"。BT-5 轻型坦克的最大公路速度为 72 千米/小时，有着良好的机动性，适合快速部署与机动。

早期坦克与二战中前期坦克

除装备苏军外,BT-5轻型坦还在20世纪30年代的西班牙内战中登场,主要装备西班牙共和军、人民阵线与国际纵队。在战斗中,BT-5轻型坦克也暴露出一些问题,比如火力与装甲不足,仅靠高机动性的长处并不能弥补这两项性能不足的短板。

20世纪30年代末,苏军将BT-5轻型坦克投入对日军的战斗中(如1939年的诺门罕战役等),取得了不错的战果。

除此之外,少量的BT-5轻型坦克也被当时的多国军队所装备,作为抵抗侵略的轻装甲力量。

当然,具备快速移动特点的坦克着重于机动性,火力与装甲则成为短板,这成为其日后在实战中损失的原因。当然,武器的发展并非一蹴而就,往往根据战斗中所反馈的问题,不断更新换代。

坦克的发展也是如此,今天,坦克已发展为一种火力、防护与机动性平衡的武器,这三种性能被称为"坦克的三大性能"。

T-26 轻型坦克

- 尺　　寸：长 4.65 米，宽 2.44 米，高 2.24 米
- 重　　量：9600 千克
- 乘　　员：3 人
- 续航里程：140 千米（公路），80 千米（越野）
- 装甲厚度：15 毫米
- 武器配备：一门 45 毫米火炮，一挺 7.62 毫米机枪
- 动力装置：一台 4 缸风冷汽油发动机
- 产　　地：苏联

早期坦克与二战中前期坦克

T-26 轻型坦克是苏联在 1931 年由列宁格勒布尔什维克工厂生产的一款轻型坦克，这款轻型坦克在 20 世纪 30 年代应用广泛，总产量超过 11000 辆，衍生型多达 53 种，其中包括喷火坦克、自行火炮、装甲车、遥控坦克等。

T-26 轻型坦克的底盘采用平衡式悬挂系统设计，具有 16 个小直径负重轮（每侧为 8 个）。由于使用小直径负重轮，车体两侧则各有 4 个托带轮。

早期 T-26 轻型坦克的动力系统由一台 90 马力 4 缸汽油发动机构成，这种发动机便于大规模生产及装备，有着不错的机动性。发动机的燃料由一个 182 升油箱提供，1932 年后，该坦克油箱更换为 290 升，使其续航里程得以大幅提升。

作为一款轻型坦克，T-26 轻型坦克能够有效阻挡机枪或步枪枪弹的直射，45 毫米火炮能够对人员或轻装甲目标进行杀伤。当时轻型坦克被各国广泛使用，直到反坦克火炮普及后，轻装甲坦克的劣势才暴露出来。

早期坦克与二战中前期坦克

T-26 轻型坦克 45 毫米火炮的后膛

T-26 轻型坦克内部,炮弹摆放在左侧

025

T-26 轻型坦克 1938 型更换了新型炮塔,这种炮塔采用倾斜装甲设计。相比于垂直炮塔,倾斜炮塔有着更厚的等效装甲与更好的抗弹性,这是由于炮弹在击中角度倾斜的装甲时有可能被弹开,这种现象称为"跳弹"。除此之外,T-26 轻型坦克 1938 型的油箱容量也得到增加,公路续航里程增至 240 千米,越野续航里程增全 140 千米。

与 BT-5 轻型坦克相同,T-26 轻型坦克首先投入的也是西班牙内战,主要装备西班牙共和军、人民阵线与国际纵队。作为一款火力、装甲与机动性较为平衡的坦克型号,T-26 轻型坦克在战场上的表现不仅优于 BT-5 轻型坦克,也优于当时西班牙国民军装备的德国坦克与意大利坦克。在当时的各种战斗中,除应对空中威胁外,T-26 轻型坦克往往能够在战场上取得主动地位。

早期坦克与二战中前期坦克

T-28 中型坦克

- 尺　　寸：长 7.44 米，宽 2.81 米，高 2.82 米
- 重　　量：28509 千克
- 乘　　员：5~6 人
- 续航里程：220 千米
- 武器配备：一门 76.2 毫米火炮，4 挺或 5 挺 7.62 毫米机枪
- 动力装置：一台 M-17 V-12 汽油发动机，功率 500 马力
- 机动性能：最大公路速度 37 千米/小时，过垂直墙高 1.04 米，越壕宽 2.9 米
- 产　　地：苏联

早期坦克与二战中前期坦克

T-28中型坦克是一款担任步兵支援任务的坦克，这款坦克的主武器为一门76.2毫米火炮，火炮长度较短，能够对敌方工事、阵地、火力点进行打击，并协助步兵突破敌军的防守。同时，主炮塔前部下方的两个辅助机枪塔（转动角度65度）各安装一挺7.62毫米机枪，能够为步兵提供机枪火力支援，用以压制或杀伤敌方无装甲或轻装甲有生目标。

T-28中型坦克是苏联受英国与德国坦克设计的启发，研制的一款主炮塔前部下方具有两个辅助机枪塔的中型坦克。

T-28中型坦克原型车于1931年制成，使用45毫米火炮作为主要武器。而到了1932年的量产型时，主武器更换为76.2毫米火炮，威力更大，杀伤力更强。

为了方便在战场上进行通信，T-28中型坦克的炮塔后部装有一部KT-71无线电台，通信距离在20千米左右。1935年，苏联对T-28中型坦克的通信装置进行改进，在炮塔四周安装框形天线，使得这款坦克的通信距离增至40~60千米。

除此之外，T-28中型坦克还具有多种型号与变型车，比如炮塔与正面装甲加厚的T-28C、搭载无线电通信设备的T-28V。

早期坦克与二战中前期坦克

T-28中型坦克首次被投入的战场是1940年的苏芬战争。在苏芬战争中，芬兰军队利用25毫米反坦克火炮和37毫米反坦克火炮在与T-28中型坦克相距500米左右处就能将其击伤或者击毁。同时，加上机械故障等缘故，苏联在苏芬战争中共损失480辆T-28中型坦克。

1941年6月，德军大举进攻苏联，虽然升级后的T-28中型坦克火力尚可，但装甲最厚处仅有30毫米，非常容易被反坦克火炮击穿。因此，在德军实施巴巴罗萨计划的初期，苏军的T-28中型坦克就基本损失殆尽。

35（t）轻型坦克

- ■ 尺　　寸：长 4.9 米，宽 2.06 米，高 2.37 米
- ■ 重　　量：10500 千克
- ■ 乘　　员：4 人
- ■ 续航里程：190 千米（公路），115 千米（越野）
- ■ 装甲厚度：8~25 毫米
- ■ 武器配备：一门 37 毫米火炮，两挺 7.92 毫米机枪
- ■ 动力装置：一台斯柯达 T11/0 4 缸水冷汽油发动机
- ■ 行驶速度：34 千米 / 小时
- ■ 产　　地：捷克斯洛伐克

早期坦克与二战中前期坦克

35（t）轻型坦克德文全称"Panzerkampfwagen 35（t）"，可译为"装甲战斗车辆 35（t）"，通常缩写为"PzKpfw35（t）"或"Panzer35（t）"。这款坦克原为捷克斯洛伐克生产的LTvz.35坦克，1939年德国占领捷克斯洛伐克后将这款坦克编入德军的装甲战斗序列，并进行了更名。

35（t）轻型坦克的装甲厚度为8~25毫米。其中，炮塔前部与车体前部装甲厚度同为25毫米，炮塔两侧装甲厚度为15毫米，车体两侧装甲厚度为16毫米，炮塔后侧与车体后侧装甲厚度同为15毫米，炮塔顶部装甲厚度为8毫米，车体底部装甲厚度为8毫米。

早期坦克与二战中前期坦克

　　LT vz.35 坦克首先装备捷克斯洛伐克军队，在 1936 年至 1939 年，捷克斯洛伐克军队共装备了约 300 辆该型号坦克。

　　1939 年春季，德国在占领捷克斯洛伐克后俘获了一部分 LT vz.35 坦克，并用这款坦克装备德军第 1 轻装师（该部队后改编为第 6 装甲师），被德军用于对波兰与法国的闪击战。在这之后，LT vz.35 坦克被德军更名为 "35（t）坦克"，并参加了德军入侵苏联的 "闪击战"，例如 1941 年德军曾利用该型号坦克参与对列宁格勒的围攻。

　　当然，在使用中，德军很快发现 35（t）轻型坦克无法适应苏联的寒冷气候，故障不断，再加上 35（t）轻型坦克正面装甲厚度仅有 25 毫米，主炮口径仅有 37 毫米，"扛也扛不住，打也打不得"，因此德军所装备的 35（t）轻型坦克从 1942 年 4 月开始陆续撤装，并出售给罗马尼亚。

二号坦克

二号坦克 F 型

- 尺　　寸：长 4.75 米，宽 2.28 米，高 2.15 米
- 重　　量：10000 千克
- 乘　　员：3 人
- 续航里程：200 千米
- 装甲厚度：5~35 毫米
- 武器配备：一门 20 毫米火炮，一挺 7.92 毫米机枪
- 动力装置：一台迈巴赫 6 缸汽油发动机，功率 140 马力
- 机动性能：最大公路速度 40 千米 / 小时，涉水深 0.85 米，过垂直墙高 0.42 米，越壕宽 1.75 米
- 产　　地：德国

早期坦克与二战中前期坦克

二号坦克按德国陆军在1934年提出的需求（一款装备20毫米机炮及重量为10000千克左右的坦克）所设计。二号坦克A型（Pzkpfw II Ausf A）样车于1935年制成。该型号坦克由MAN公司和戴姆勒·奔驰公司合作生产。1937年7月，改进后的二号坦克A型作为该系列坦克第一个量产型进行生产。

　　到了1941年时，二号坦克的B型、C型、D型、E型与F型相继制成，主要改进方向为加强坦克的防护性。

早期坦克与二战中前期坦克

二号坦克的装甲由表面硬化钢板制成，并通过焊接工艺进行连接，与早期坦克装甲使用的铆接工艺相比，有着更好的强度，同时不会因为枪弹、炮弹命中装甲而使铆钉弹出伤及坦克车组成员。

二号坦克的主武器为一门 20 毫米火炮，这是一种小口径火炮（枪与炮的划分：口径 20 毫米以下为枪，20 毫米及其以上为炮）。然而，同时期的轻型坦克通常采用 37 毫米火炮，因此二号坦克存在火力不足的问题。

第二次世界大战初期，二号坦克是德国用来入侵波兰与法国的主要装甲力量，是战争初期德军"闪电战"的重要武器。1941 年德国入侵苏联，二号坦克面对苏联装甲力量已然落后，因此德国将二号坦克用作研制"猞猁"侦察车的基础车。该坦克变型车有水陆两用坦克与喷火坦克。

早期坦克与二战中前期坦克

世界武器百科
WORLD WEAPONS ENCYCLOPEDIA

042

早期坦克与二战中前期坦克

三号坦克

三号坦克 E 型
- ■ 尺　　寸：长 5.38 米，宽 2.91 米，高 2.50 米
- ■ 重　　量：19500 千克
- ■ 乘　　员：5 人
- ■ 续航里程：165 千米
- ■ 装甲厚度：10~30 毫米
- ■ 武器配备：一门 37 毫米火炮或一门 50 毫米火炮，3 挺 7.92 毫米 MG34 机枪
- ■ 动力装置：一台迈巴赫 HL 12 TRM V-12 汽油发动机，功率 285 马力
- ■ 机动性能：最大公路速度 40 千米 / 小时
- ■ 产　　地：德国

三号坦克是戴勒姆·奔驰公司应德国陆军在1935年提出的中型坦克需求而研制的一款坦克。

三号坦克量产型（E型）的悬挂系统为扭力杆悬挂，是世界上第一款采用扭力杆悬挂系统的坦克型号。这种悬挂系统能够减少坦克在复杂地形行驶时产生的颠簸，提升炮手在瞄准时的稳定性，也提高了车组成员长途机动时的舒适度。当然，凡事有利也有弊，这种悬挂系统结构较为复杂，维护不易。

早期坦克与二战中前期坦克

三号坦克的早期型号被称为"Ausf A"与"Ausf B",即 A 型与 B 型,这两个三号坦克型号都曾参与德军对波兰的入侵。

三号坦克 A 型的主武器为一门37毫米火炮,装甲厚度5~14.5毫米。由于是早期的试验型坦克,三号坦克 A 型的悬挂系统采用螺旋弹簧悬挂,易于维护,可靠性高,但减震效果较差。

三号坦克 B 型于1937年进行生产,悬挂系统更换为板状弹簧悬挂,舒适度有些许提升。

三号坦克 C 型于1937年至1938年进行生产,但也为试验型,产量不大。

三号坦克 D 型于1938年生产,前侧装甲厚度增至30毫米,有着更好的防御性。

三号坦克 E 型是三坦克第一款量产型,更换为扭力杆悬挂系统,侧面装甲厚度也增至30毫米,侧面防护能力得以提升。

三号坦克 F 型于1939年10月开始生产,一部分安装50毫米42倍径火炮,并参与入侵法国的战役。

三号坦克 G 型于1940年5月开始生产,多数安装50毫米42倍径火炮,少数安装37毫米火炮。

三号坦克 H 型的履带加宽至400毫米,在面对松软的土地时有着比此前型号更好的稳定性。

三号坦克 J 型安装两种不同的主炮,分别为旧型50毫米42倍径火炮与新型的50毫米60倍径火炮。该型号坦克共生产2616辆,是整个三号坦克中产量最多的型号。三号坦克 J 型前装甲增至50毫米,侧装甲厚度为32毫米。

三号坦克 L 型于 1942 年 7 月投产，该型号坦克使用四号坦克早期的 75 毫米 24 倍径火炮。

　　三号坦克 M 型在炮塔与侧方安装附加装甲，以应对盟军的火箭筒等轻型反坦克武器。

　　三号坦克拥有多种型号与变型车，最后一款型号被称为"N 型"，最后一批三号坦克 N 型于 1943 年 8 月停产。

早期坦克与二战中前期坦克

三号坦克的使用

二战初期，三号坦克被德军用于入侵法国的战斗中，这款坦克优于法军装备的雷诺 R-35 坦克。而在东线战场上，三号坦克面对装备了 76.2 毫米火炮的 T-34/76 中型坦克与 KV-1 重型坦克已显落伍。此外，因为东线战场路面条件不佳，三号坦克磨损要比苏联坦克更加严重。

1934 年，三号坦克与四号坦克的研制计划已经被德国陆军制订完成。其中，三号坦克作为主力坦克使用，四号坦克作为支援坦克使用。而到了 20 世纪 40 年代初期，苏军坦克的性能与火炮让德军不得不持续对三号坦克进行升级，但由于炮塔的设计让这款坦克无法安装大口径长管火炮，因此在库尔斯克会战后，三号坦克被四号坦克与豹式坦克取代。

九五式轻型坦克

- 尺　　寸：长 4.38 米，宽 2.05 米，高 2.18 米
- 重　　量：7400 千克
- 乘　　员：3 人
- 续航里程：250 千米
- 装甲厚度：6~14 毫米
- 武器配备：一门 37 毫米火炮，两挺 7.7 毫米机枪
- 动力装置：一台三菱 NVD 6120 6 缸风冷柴油发动机，功率 120 马力
- 机动性能：最大公路速度 45 千米 / 小时，涉水深 1 米，过垂直墙高 0.81 米，越壕宽 2 米
- 产　　地：日本

早期坦克与二战中前期坦克

九五式轻型坦克是日本在20世纪30年代初期研制生产的一款轻型坦克,到1943年停产时,这款坦克共生产1100余辆。

在九五式轻型坦克诞生的年代,这款坦克的火力优于德国二号坦克。不过,薄弱的装甲是这款坦克的"致命伤",再加上设计问题,车长在执行分内任务时还要操作火炮进行射击,因此战斗效能被大大制约。总体而言,九五式轻型坦克能够胜任步兵支援等任务,但20世纪40年代之后难以胜任反坦克任务。

在1939年的诺门罕战役中,日军使用了九五式轻型坦克与苏军装甲部队进行作战。当然,面对当时苏军装备的BT-5轻型坦克,九五式轻型坦克是可以做到击毁对方的。这是由于九五式轻型坦克装备的九四式坦克炮在发射九四式穿甲弹时,在距目标350米处能够击穿30毫米装甲,在距目标800米处能够击穿25毫米装甲。

日军在诺门罕战役中被苏军击败后,其战略从"北上"改为了"南下",偷袭美国珍珠港,并对东南亚多地发起了进攻。在太平洋战场上,九五式轻型坦克的薄弱装甲总是被盟军火炮轻易地击穿,甚至出现过M4"谢尔曼"坦克主炮发射穿甲弹命中九五式轻型坦克,但直接打了个"对穿",因此未能击毁日军坦克的稀奇事件。

早期坦克与二战中前期坦克

雷诺 D1 轻型坦克

- 尺　　寸：长5.76米，宽2.16米，高2.4米
- 重　　量：14000千克
- 乘　　员：3人
- 续航里程：90千米
- 装甲厚度：16毫米
- 武器配备：一门47毫米SA 34火炮，两挺7.5毫米机枪
- 动力装置：雷诺V型4缸汽油发动机，功率74马力
- 行驶速度：19千米/小时
- 产　　地：法国

早期坦克与二战中前期坦克

雷诺 D1 轻型坦克（Renault D1 Light Tank）是法国在第二次世界大战前夕研制的一款轻型坦克型号，1929 年，法国军方装备雷诺 D1 轻型坦克。

雷诺 D1 轻型坦克在 FT17 轻型坦克的基础上更改了悬挂系统，采用螺旋弹簧悬挂系统，这种悬挂系统有着易于维护的优点，但在行驶时减震性能不佳。雷诺 D1 轻型坦克的主炮为一门 47 毫米 SA 34 火炮，在当时而言有着不错的威力。同时，雷诺 D1 轻型坦克安装有并列机枪，加强了对步兵的压制与杀伤。

虽然火力尚可，但雷诺 D1 轻型坦克的行驶速度仅有 19 千米 / 小时，这样的机动性并未能获得法国陆军的青睐。因此，相当一部分雷诺 D1 轻型坦克被运送至当时的法国殖民地，直到 1940 年德国入侵后才被运回法国，用以抵抗德军。

早期坦克与二战中前期坦克

德军入侵法国后,法军使用雷诺 D1 轻型坦克进行作战,但由于这款坦克已老化且落后于德军装备,因此大部分被击毁。此外,有一小部分被德军俘获并编入德军的战斗序列。在德军的战斗序列中,雷诺 D1 轻型坦克被重新命名为"Panzer732(f)"。

T-35 重型坦克

- 尺　　寸：长 9.72 米，宽 3.2 米，高 3.43 米
- 重　　量：45000 千克
- 乘　　员：11 人
- 续航里程：150 千米
- 装甲厚度：11~30 毫米
- 武器配备：一门 76.2 毫米火炮，两门 45 毫米火炮，5~6 挺 7.62 毫米机枪
- 动力装置：一台 12 缸 Mikulin M-17M 汽油发动机，功率 500 马力
- 行驶速度：30 千米 / 小时
- 产　　地：苏联

> 早期坦克与二战中前期坦克

T-35 重型坦克是苏联在 1930 年至 1932 年之间研制的一款多炮塔重型坦克，1933 年，这款坦克开始生产并装备苏军。T-35 重型坦克共拥有 5 个炮塔，这是世界上唯一一款拥有如此数量炮塔并量产的坦克。

从外形上来看，T-35 重型坦克拥有 5 个炮塔、3 门火炮，看着相当"威武"。但如果要"一厢情愿"地认为"炮塔多火炮就多，火炮多火力就猛"就会犯纸上谈兵的错误，因为想要在一款实战的车型上增加炮塔与火炮，其内部机构就会异常复杂，不易于大规模生产与维护。

早期坦克与二战中前期坦克

同时，T-35重型坦克的乘员为11人，他们各司其职，协同作战。对于坦克这种技术兵器而言，很难一个人进行操作，因此坦克发展至今都是多人操作。但11人的坦克车组成员编制则非常"臃肿"，同时，11人的协同配合的难度也大大超过了3人左右的协同，对战斗力的训练与形成造成了极大的困难。

当然，苏军也对T-35重型坦克产生了一些质疑，认为这款重型坦克并不实用。而在之后的苏德战争中，他们的质疑也被验证，战场上的T-35重型坦克机动性差，可靠性也很低，因此于战争初期全部损失。其中大部分T-35重型坦克并非被德军击毁，而是因为机械故障或部件损坏不得已被抛弃。

虽然T-35重型坦克从外形上来看比较巨大，但因为内部结构复杂与乘员较多的缘故，这款坦克的内部空间异常狭窄。

T-35重型坦克的主炮为一门76.2毫米火炮，另外两门火炮为45毫米火炮，直观来看火力尚可，但如果出现机械故障，无法正常射击，那么火炮数量再多也没什么实战意义。

BT-7 轻型坦克

- 尺　　寸：长 5.66 米，宽 2.29 米，高 2.42 米
- 重　　量：13900 千克
- 乘　　员：3 人
- 续航里程：430 千米（公路），360 千米（越野）
- 装甲厚度：6~20 毫米（车体），10~15 毫米（炮塔）
- 武器配备：一门 45 毫米 20-K 坦克炮，两挺 7.62 毫米机枪
- 动力装置：Mikulin M-17T（V-12）汽油发动机，功率 450 马力
- 行驶速度：72 千米/小时（公路），50 千米/小时（越野）
- 产　　地：苏联

>> 早期坦克与二战中前期坦克

世界武器百科
WORLD WEAPONS ENCYCLOPEDIA

BT-7轻型坦克是BT系列高速坦克的最后一款，苏联在1935年开始量产，主要装备苏联红军。

作为一款"身披轻甲"的坦克，BT-7轻型坦克拥有着良好的机动性，在公路上行驶时，有着72千米/小时的最高速度。如果让当时的主流坦克进行一场竞速赛的话，BT-7轻型坦克一定名列前茅。除了良好的机动性，BT-7轻型坦克也有着优秀的火力，45毫米20-K坦克炮能够"撕裂"当时主流坦克的装甲。总体来看，BT-7轻型坦克机动性强，方便部署，能够适应奔袭等战术需求。

早期坦克与二战中前期坦克

　　BT-7轻型坦克的主武器为一门45毫米20-K坦克炮,以当时的标准来看,火力打击能力优秀,可担任反装甲任务,再加上有着机动性强的特点,因此这款坦克宛如敏捷的轻骑兵。就装甲而言,BT-7轻型坦克的车体装甲最厚处20毫米,最薄处6毫米。炮塔装甲最厚处15毫米,最薄处10毫米。

　　总体而言,BT-7轻型坦克在当时有着不错的火力打击能力,同时机动性良好,适合机动部署。其装甲与当时的轻型坦克也处于同一梯队,因此该坦克在当时算得上是一款不错的坦克。只不过,BT-7轻型坦克的设计并不具备太多的超前性,因此在1941年德军入侵苏联后,苏军发现火力、装甲与机动性更为平衡的T-26轻型坦克在面对德军坦克时,表现优于BT-7轻型坦克。

　　BT-7轻型坦克的车组成员为三人,分别为车长(可兼任炮手)、驾驶员与装弹员。部分BT-7轻型坦克装备71-TC电台,并配有框形天线,这款坦克通常作为指挥坦克使用。仅有三人的车组使得BT-7轻型坦克车组成员训练与协同速度较快,容易培养及形成战斗力。

　　正因为从实战出发,坦克的发展逐渐从重视火力、防护、机动性中的某一种或某两种属性,渐渐转变为对这三种属性平衡的重视。

世界武器百科
WORLD WEAPONS ENCYCLOPEDIA

645

645

早期坦克与二战中前期坦克

1939 年 11 月苏军坦克旅的编制与装备情况如下：

★ **3 个坦克营，每个营编有：**

3 个坦克连，每个连配备 17 辆 BT-7 轻型坦克或 T-26 轻型坦克；

1 个反坦克排，配备 3 门 45 毫米反坦克火炮；

1 个高射机枪排；

1 个传令排。

★ **1 个预备坦克连，配备 8 辆 BT-7 轻型坦克或 T-26 轻型坦克。**

★ **1 个摩托化步兵营，每个营编有：**

3 个摩托化步兵连；

1 个反坦克排，配备 3 门 45 毫米反坦克火炮；

1 个高射机枪排；

1 个传令排。

★ **旅部直属作战单位：**

1 个高射机枪排；

1 个传令连，配备 5 辆 T-37 两栖侦察坦克；

1 个摩托化运输营；

1 个侦察营；

1 个前锋连；

1 个救护连；

1 个化学战连。

早期坦克与二战中前期坦克

38（t）轻型坦克

- ■ 尺　　寸：长 4.61 米，宽 2.14 米，高 2.4 米
- ■ 重　　量：9500 千克
- ■ 乘　　员：4 人
- ■ 续航里程：160~250 千米
- ■ 装甲厚度：8~30 毫米（A~D 型），50 毫米（E 型）
- ■ 武器配备：一门 37 毫米火炮，两挺 7.92 毫米机枪
- ■ 动力装置：一台布拉格 EPA 6 缸水冷汽油发动机，功率 125 马力
- ■ 机动性能：最大公路速度 42 千米/小时，最大越野速度 15 千米/小时，涉水深 0.9 米，过垂直墙高 0.78 米，越壕宽 1.87 米
- ■ 产　　地：捷克斯洛伐克

早期坦克与二战中前期坦克

LT-38 坦克落入德军手中，被德军重新命名为"Pz.38（t）"或"PzKpfw38（t）"，并继续生产。LT-38 坦克与三号坦克初期型的性能基本相当。

38（t）轻型坦克的装甲采用铆接装甲设计，这种设计防护性不如焊接装甲，因此从第二次世界大战开始逐渐被淘汰。这款坦克的主武器为一门 37 毫米斯柯达 A7 火炮，发射 Pzgr.39 穿甲弹时炮口初速为 762 米/秒，在距目标 100 米处可击穿 41 毫米装甲，在距目标 500 米处可击穿 35 毫米装甲，在距目标 1000 米处可击穿 29 毫米装甲，在距目标 1500 米处可击穿 24 毫米装甲。当然，这种火炮在被德军俘获后，也被更名为"3.7cmKwK38(t)"。

38（t）轻型坦克的原型车为 LT-38 坦克。LT-38 坦克是捷克斯洛伐克在 1938 年推出的一款轻型坦克，由斯柯达（Skoda）工厂进行生产。1939 年，德国吞并捷克斯洛伐克全境，一些

38（t）轻型坦克的使用也并非"一帆风顺"。由于火炮口径较小，这使得德军在使用 38（t）轻型坦克入侵苏联后，在面对苏军的 T-34/76 中型坦克时，38（t）轻型坦克总是被击毁的一方，因此德国逐渐停止生产 38（t）轻型坦克。

早期坦克与二战中前期坦克

071

M3 轻型坦克

- ■ 尺　　寸：长 4.54 米，宽 2.24 米，高 2.30 米
- ■ 重　　量：12927 千克
- ■ 乘　　员：4 人
- ■ 续航里程：112.6 千米
- ■ 装甲厚度：15~51 毫米
- ■ 武器配备：一门 37 毫米火炮，2~3 挺 7.62 毫米 M1919 重机枪
- ■ 动力装置：一台大陆 W-970-9A 6 缸汽油发动机，功率 250 马力
- ■ 机动性能：最大公路速度 58 千米 / 小时，涉水深 0.91 米，过垂直墙高 0.61 米，越壕宽 1.83 米
- ■ 产　　地：美国

早期坦克与二战中前期坦克

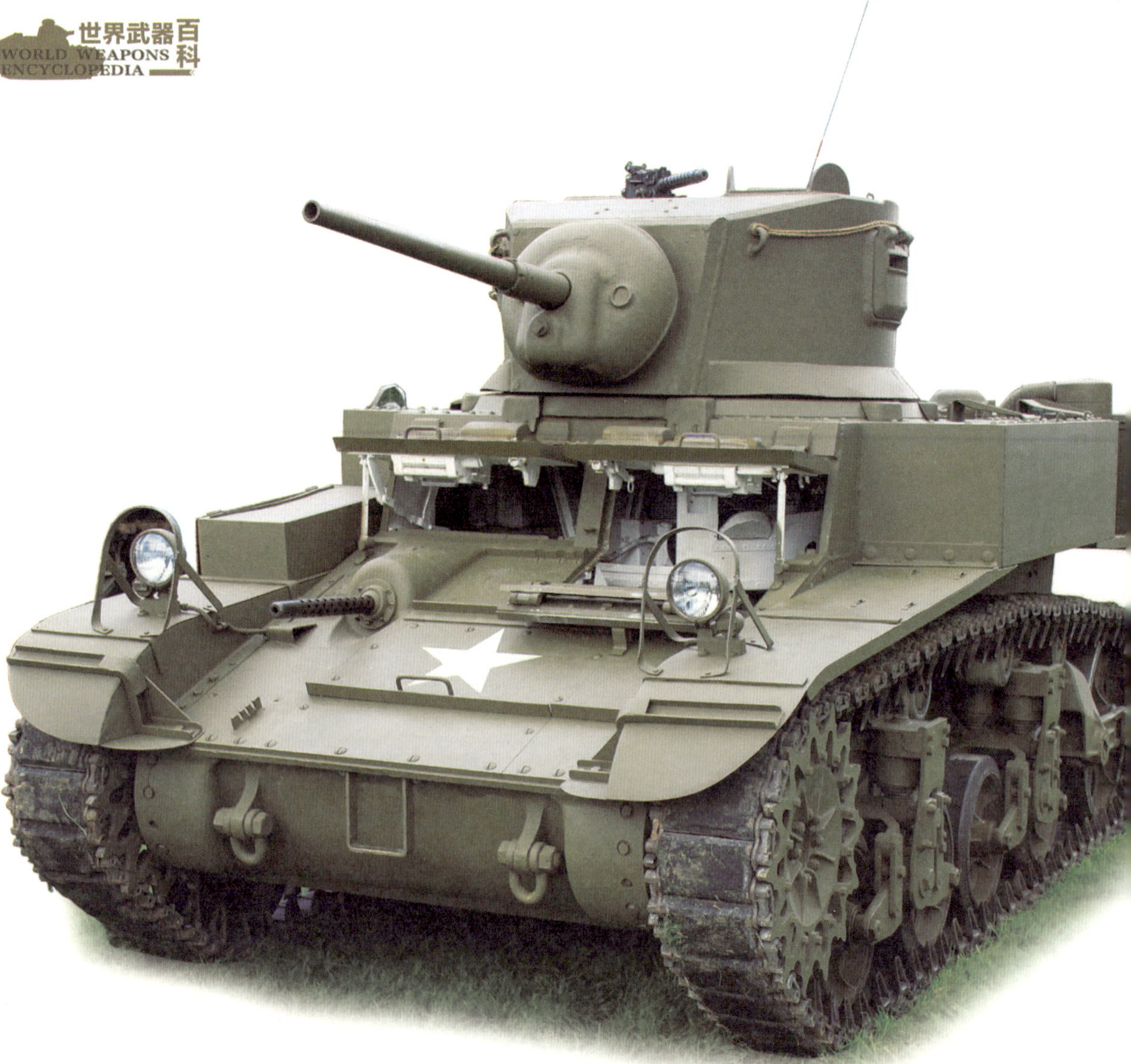

早期坦克与二战中前期坦克

M3 轻型坦克是美国在 20 世纪 40 年代初期设计生产的一款轻型坦克，这款轻型坦克在 M2 轻型坦克的基础上改进而成，有着更厚的装甲，作为轻型坦克有着更好的防御能力。第二次世界大战初期，美国通过《租借法案》，将一部分 M3 轻型坦克支援给苏联、英国等国家，在反法西斯战争中发挥了重要作用。

M3A1 轻型坦克

M3 轻型坦克的主武器为一门 37 毫米坦克炮，这款坦克炮炮管长 2.1 米，发射炮弹时初速为 884 米/秒。虽然 37 毫米火炮在 20 世纪 40 年代初并不占优势，但 M3 轻型坦克的装甲却可圈可点。M3 轻型坦克炮塔的炮盾部分装甲厚度 51 毫米，炮塔侧装甲厚度 38 毫米，车体正面首上装甲厚度 38 毫米，车体正面首下装甲厚度 44 毫米，车体两侧装甲厚度 25 毫米，车体后部装甲厚度 25 毫米。

　　M3A1 轻型坦克是 M3 轻型坦克升级型，该坦克配备了有动力旋转装置的改良型同质焊接炮塔，炮塔采用吊篮式设计。同时，这款轻型坦克安装了陀螺仪稳定器，提升了主炮的射击精度。此外，M3 系列轻型坦克还有 M3A2 型，但未进行量产。

M3 轻型坦克的使用

最早使用 M3 轻型坦克的并非美军,而是英军。1941 年 11 月,约 170 辆 M3 轻型坦克在北非战场被英军使用,与德军进行战斗。在北非战场上,M3 轻型坦克并未取得较为出色的战绩。这是由于当时德军的三号坦克 G 型已经安装 50 毫米火炮,这种火炮能够在距目标 1000 米处击穿 M3 轻型坦克的正面装甲,再加上 37 毫米火炮在面对德军坦克时表现火力不足,让英军对 M3 轻型坦克没有太好的评价。

同时,M3 轻型坦克也被用于援助苏联。苏军对于 M3 轻型坦克有着类似英军的评价,比如火力与装甲性能都不理想,而且对燃料的品质过于敏感,较窄的履带设计更是难以适应雪地和泥泞的环境。

太平洋战争爆发后,美国海军陆战队在丛林中使用 M3 轻型坦克与日军进行战斗。由于日军的九五式轻型坦克与九七式中型坦克装甲薄弱,再加上使用铆接设计,防御能力很差,M3 轻型坦克的火炮可以轻松击穿日军坦克的装甲,美军使用了更多的 M3 轻型坦克作战。直到中途岛战役后,美军逐渐取得了战争的主动权,因攻坚任务需要才开始逐渐换装 M4"谢尔曼"系列坦克。

早期坦克与二战中前期坦克

M5 轻型坦克

世界武器百科
WORLD WEAPONS ENCYCLOPEDIA

M5 轻型坦克

M5 轻型坦克是美国在 1942 年开始生产的轻型坦克型号，这款坦克是 M3 轻型坦克的改进型号。主要是更换了凯迪拉克 V 型 8 缸水冷发动机，并将两挺 M1919 重机枪改为 M2 重机枪，把 .30-06 步枪弹（7.62 毫米 ×63 毫米）更换为了 .50BMG 机枪弹（12.7 毫米 ×99 毫米），火力有些许提升。但由于未更换主炮，火力提升程度有限。

此外，值得一提的是，在 M5 轻型坦克量产后，其部分新技术直接用于 M3 轻型坦克的升级改进，比如炮塔、车身以及机枪座，采用新技术生产的 M3 轻型坦克被称为"M3A3 轻型坦克"。

总体而言，M3 轻型坦克与 M5 轻型坦克生产数量极大，总产量超过 25000 辆，除美国的军队外，苏联、英国、法国、加拿大、澳大利亚、巴西、古巴、智利、意大利、南非、土耳其等几十个国家的军队都有装备，使用范围非常广泛。

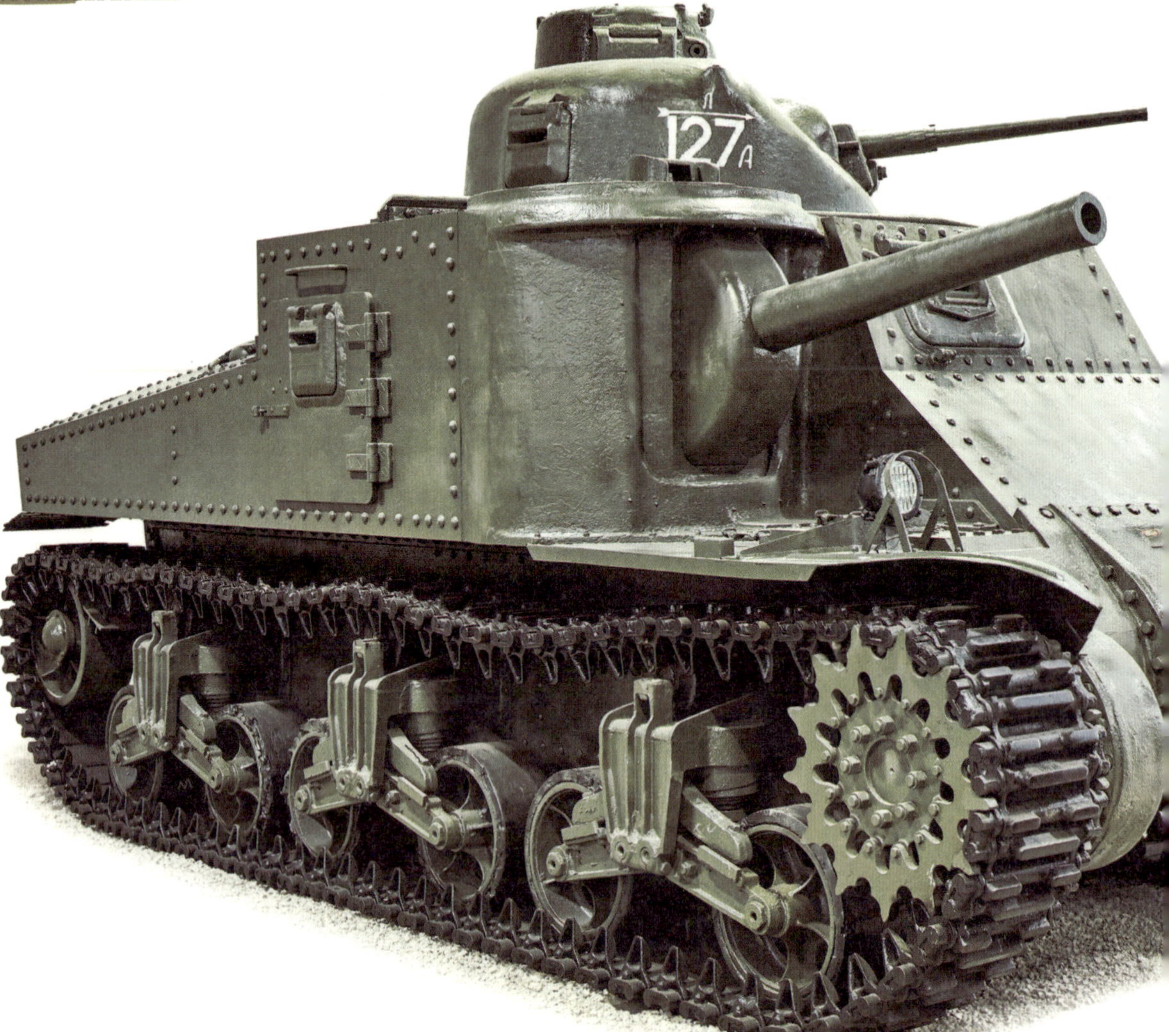
127
A

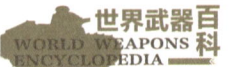

> 早期坦克与二战中前期坦克

M3 中型坦克

- 尺　　寸：长 5.64 米，宽 2.72 米，高 3.12 米
- 重　　量：27240 千克
- 乘　　员：7 人（M3"李"），6 人（M3"格兰特"）
- 续航里程：193 千米
- 装甲厚度：最厚处 51 毫米
- 武器配备：一门 75 毫米火炮（车身），一门 37 毫米火炮（炮塔），四挺 M1919 重机枪
- 动力装置：一台大陆 R-975-EC2 汽油发动机，功率 340 马力
- 行驶速度：42 千米/小时（公路），26 千米/小时（越野）
- 产　　地：美国

M3 中型坦克的主武器为一门 75 毫米 M2 坦克炮，这门坦克炮安装在车身右侧，发射 75 毫米 ×350 毫米炮弹。炮管为 31 倍径，长度为 2.32 米。发射 M72 穿甲弹时，炮口初速为 588 米/秒。在 20 世纪 40 年代初期，这门火炮可以轻易击穿德军坦克的装甲，因此受到盟军的好评。当然，安装于车身的主炮虽然火力凶猛，但也存在射界过于狭窄的问题，想要进行大角度的方向调整，就要转动车身。

M3 中型坦克是美国在 1940 年研制的一款中型坦克型号，这款中型坦克造型独特，具有两门火炮，一门位于车身右侧，一门位于旋转炮塔上。

M3 中型坦克的动力装置为一台大陆 R-975-EC2 汽油发动机，发动机安装于车身后方，动力经传动轴驳接至车身前方的驾驶舱的变速箱。车身两侧各有 6 个负重轮，主动轮位于前方，诱导轮位于后方。

除主炮外，M3 中型坦克还有一门 37 毫米火炮，安装于车体顶部的旋转炮塔内。安装于旋转炮塔内的 37 毫米火炮自然不存在射界狭窄的问题，但这种火炮火力较为不足，显得有些"别扭"。在实际使用中，火炮的火力不足与使用者形成了一个"对立面"，同时这个"对立面"又推动人们不断开发新型的坦克与坦克炮，将坦克持续更新换代。

因此，并不存在一种完美的武器。甚至可以说，正是因为不完美，才能够推动武器不断发展。

M3 中型坦克的使用

在二战中，英军将 M3 中型坦克投入北非战场，这款坦克可靠性强，不易出现故障。同时，75 毫米火炮在战斗中表现良好，作战效能超过德军三号坦克的 50 毫米火炮。

英国在二战中曾向美国采购这款坦克，其中圆顶炮塔的 M3 中型坦克被英军称为"李"（Lee），使用新型炮塔的 M3 中型坦克则被称为"格兰特"（Grant），需要注意的是，无论是"李"还是"格兰特"的称呼，都是英军自行命名的英式叫法，而非原产地的叫法。

由于口口相传，无论是"李"还是"格兰特"，M3 中型坦克这些英式叫法都广为人知，甚至被沿用到了一些游戏作品中，比如游戏《坦克世界》中的 M3"格兰特"中型坦克、《战争雷霆》中的 M3"李"中型坦克。

M3A3 轻型坦克

除装备英军外，M3 中型坦克也作为援助苏联的重要武器。苏军对于 M3 中型坦克的评价与对 M3 轻型坦克的评价基本一致——装甲薄弱且在恶劣环境中可靠性差。同时，M3"格兰特"中型坦克高大的体型使得其着弹面积也被加大，非常容易被反坦克火炮所发射的炮弹命中，因此它被苏军装甲兵戏称为"六兄弟棺材"。

美军在太平洋战争中也少量地使用了 M3 中型坦克，在欧洲战场难以对抗德军坦克的 M3 中型坦克，在面对日军坦克时却表现得游刃有余。这使得日军将 M3 中型坦克归属为"重型坦克"，足见这款坦克对于日军而言是个"大杀器"。

因此，武器的使用，要因时制宜，因地制宜，以及"因敌制宜"。

B1 重型坦克

- 尺　　寸：长 6.37 米，宽 2.46 米，高 2.79 米
- 重　　量：28000 千克
- 乘　　员：4 人
- 续航里程：200 千米
- 装甲厚度：40 毫米
- 武器配备：一门 75 毫米 ABS SA 35 榴弹炮，一门 47 毫米 SA 34 坦克炮，两挺 7.5 毫米机枪
- 动力装置：一台柴油发动机，功率 272 马力
- 行驶速度：28 千米/小时（公路），21 千米/小时（越野）
- 产　　地：法国

≫ 早期坦克与二战中前期坦克

B1 重型坦克是法国雷诺汽车公司（Renault S.A.）在 20 世纪 30 年代初期研制生产的一款重型坦克型号，这款坦克于 1934 年开始量产。

早期坦克与二战中前期坦克

后来，雷诺汽车公司又推出了B1重型坦克改进型，被称为"B1 bis 重型坦克"。B1重型坦克具有两门火炮，一门75毫米榴弹炮安装于车身右侧，主要为步兵提供火力支援，另外一门47毫米坦克炮安装于炮塔上，主要作为反战车武器。

就数据来看，在20世纪30年代中后期，B1重型坦克的火力也称得上可圈可点。与可圈可点的火力相反的则是这款重型坦克的机动性。B1重型坦克的重量高达28000千克，而一台功率仅有272马力的发动机严重限制了这款重型坦克的机动性能，因此其行动迟缓，机动不便。

B1重型坦克装甲厚重，因此在当时有着良好的防御力。同时该坦克车底设有逃生门，提高了坦克被击中后车组成员逃生的概率。

> 早期坦克与二战中前期坦克

在第二次世界大战中，B1 重型坦克被法军投入战场，与德军进行作战。法国全境沦陷后，德军将其俘获的 B1 重型坦克更名为"B2 740（f）"，有少量此型号坦克被德军改装为喷火坦克，并应用于东线战场。

T-50 轻型坦克

- 尺　　寸：长 5.20 米，宽 2.47 米，高 2.16 米
- 重　　量：14000 千克
- 乘　　员：4 人
- 续航里程：220 千米
- 装甲厚度：12~37 毫米
- 武器配备：一门 45 毫米火炮，一挺 7.62 毫米机枪
- 动力装置：一台 V-4 柴油发动机，功率 300 马力
- 行驶速度：60 千米 / 小时
- 产　　地：苏联

早期坦克与二战中前期坦克

T-50轻型坦克是苏联在第二次世界大战初期研制的一款轻型坦克,这款坦克于1939年开始研发,1941年进行生产。

T-50轻型坦克技术先进,采用扭力杆悬挂系统,有着良好的减震性能。同时,T-50轻型坦克的动力装置为一台V-4柴油发动机,功率为300马力,再加上其重量仅有14000千克,因此T-50轻型坦克机动性较强,行驶速度可达到60千米/小时。

T-50轻型坦克的主炮为一门45毫米20-K坦克炮,这种坦克炮炮管长1.97米,发射45毫米×310毫米炮弹,最大射程4500米。在发射穿甲弹时,这门主炮在距目标100米处能够击穿43毫米装甲,在距目标

早期坦克与二战中前期坦克

500 米处能够击穿 36 毫米装甲，在距目标 1000 米处能够击穿 31 毫米装甲，在距目标 1500 米处能够击穿 28 毫米装甲。

　　T-50 轻型坦克的装甲采用倾斜式装甲设计，倾斜式装甲有着更高的等效装甲性能，有着更为优秀的抗弹性。同时，T-50 轻型坦克的车身采用全焊接技术制造而成。为了增强通信能力，每辆 T-50 轻型坦克都配备无线电通信设备，方便不同坦克的车组成员在战场上交换信息。

MkⅡ "玛蒂尔达"坦克

- 尺　　寸：长 5.61 米，宽 2.59 米，高 2.52 米
- 重　　量：26926 千克
- 乘　　员：4 人
- 续航里程：约 258 千米
- 装甲厚度：14~78 毫米
- 武器配备：一门 2 磅火炮，一挺 7.92 毫米机枪
- 动力装置：两台 AEC 6 缸柴油发动机，每台功率 95 马力；或两台 6 缸汽油发动机，每台功率 94 马力
- 机动性能：最大公路速度 24 千米/小时，最大越野速度 12 千米/小时~13 千米/小时，涉水深 0.91 米，过垂直墙高 0.60 米，越壕宽 2.13 米
- 产　　地：英国

>> 早期坦克与二战中前期坦克

Mk I "玛蒂尔达"坦克

MkⅡ"玛蒂尔达"坦克是英国在 20 世纪 30 年代后期研制生产的一款步兵坦克,这款坦克尺寸较小,结构简单,防护水平出色。MkⅡ"玛蒂尔达"坦克内部分为三个主要区域:前方为驾驶舱,驾驶舱后为战斗舱、炮塔。该款坦克作战效率很高,动力装置位于车身后端。

>> 早期坦克与二战中前期坦克

　　MkⅡ"玛蒂尔达"坦克是一款在MkⅠ"玛蒂尔达"坦克的基础上改进而成的坦克型号。英国之所以改进后者，是因为MkⅠ"玛蒂尔达"坦克的武器只配备了一挺重机枪，同时机动性又差到"令人发指"，在公路上行驶速度仅为12千米/小时~13千米/小时，将这款坦克作为步兵坦克使用的英军也受不了如此的"龟速"，因此在军方实际需求下，MkⅡ"玛蒂尔达"坦克应运而生。

　　升级后的MkⅡ"玛蒂尔达"坦克仍然作为步兵坦克使用。步兵坦克即支援步兵作战为主要战术目的，通常装甲厚重，火力强大，但机动性并不理想，行驶速度较慢，适合"稳扎稳打"，不适合快速机动的战术。

MkⅡ"玛蒂尔达"坦克的主炮为一门2磅炮,发射40毫米×304毫米炮弹。虽然与二战中知名坦克主炮的75毫米口径、76.2毫米口径、85毫米口径以及88毫米口径相比,40毫米口径显然有些"不够看",但在20世纪30年代后期,这种火炮也能够胜任反装甲任务。同时,MkⅡ"玛蒂尔达"坦克装甲厚重,最厚处78毫米,最薄处也有14毫米,在当时众多的坦克型号中算是名副其实的"防高血厚"。

MkⅡ"玛蒂尔达"坦克的动力装置为两台AEC 6缸柴油发动机,每台功率95马力,公路行驶速度可达到24千米/小时。

早期坦克与二战中前期坦克

在第二次世界大战中，MkⅡ"玛蒂尔达"坦克于1940年被英国投入战场。这款坦克首先被投入法国战场，与德军进行战斗。在战斗中，MkⅡ"玛蒂尔达"坦克厚重的装甲能够有效抵挡当时德军37毫米反坦克火炮的直射，并在战场上取得不错的战绩。

在北非战场的阿拉曼战役中，MkⅡ"玛蒂尔达"坦克被英军大量使用。此外，当时苏联也通过《租借法案》获得了一些MkⅡ"玛蒂尔达"坦克，但这款坦克由于并不能适应严寒环境而未取得出色的战果。

KV-1 重型坦克

- 尺　　寸：长 6.75 米，宽 3.32 米，高 2.71 米
- 重　　量：43000 千克
- 乘　　员：5 人
- 续航里程：335 千米
- 装甲厚度：初期型炮塔前装甲 90 毫米，侧面装甲 75 毫米；后期型炮塔前装甲 120 毫米
- 武器配备：一门 76.2 毫米火炮，4 挺 7.62 毫米机枪
- 动力装置：一台 V-2K V-12 柴油发动机，功率 600 马力
- 机动性能：最大公路速度 35 千米/小时，过垂直墙高 1.2 米，越壕宽 2.59 米
- 产　　地：苏联

早期坦克与二战中前期坦克

KV-1 重型坦克是苏联在 1938 年至 1939 年研制的一款重型坦克，1939 年 12 月开始进行生产。

作为一款重型坦克，KV-1 重型坦克安装一门 76.2 毫米火炮。在 20 世纪 30 年代末期，多数坦克仍在使用 35~45 毫米主炮，因此 KV-1 重型坦克的火力强悍。事实上，这也算是当时苏联坦克的一个"特点"，想要增强坦克的火力就增加主炮的口径，"力大砖飞，简单粗暴"。

KV-1 重型坦克的车组成员为 5 人，分别为车长、炮手、驾驶员、副驾驶员兼机械师、通信员兼机枪手。在自动装弹机未诞生的年代，主炮通常由装填手进行手动装填，那么 KV-1 重型坦克的装填手呢？答案是由车长兼任。

KV-1 重型坦克的动力装置为一台 V-2K V-12 柴油动力发动机，发动机功率 600 马力。同时，KV-1 重型坦克采用了扭力杆式悬挂系统，有着较好的稳定性。

KV-1 重型坦克最初被投入苏芬战争中，在卫国战争爆发后，这款重型坦克被苏军用来抵御德军的入侵。初期型的 KV-1 重型坦克的炮塔正面装甲厚度为 90 毫米，战争早期德军的主要反坦克火炮均无法击穿 KV-1 重型坦克的炮塔。当然，KV-1 重型坦克的机动性并不优秀，因此它在战争中后期逐渐被 T-34/76 中型坦克、IS-2 重型坦克所替代。

早期坦克与二战中前期坦克

KV-2 重型坦克

- 尺　　寸：长 6.79 米，宽 3.32 米，高 3.65 米
- 重　　量：52000 千克
- 乘　　员：6 人
- 续航里程：250 千米
- 装甲厚度：75 毫米
- 武器配备：一门 152 毫米 M-10T 榴弹炮（备弹 36 发），两挺 7.62 毫米机枪
- 动力装置：一台 V-2K V-12 柴油发动机，功率 600 马力
- 行驶速度：25.6 千米 / 小时
- 产　　地：苏联

早期坦克与二战中前期坦克

KV-2 重型坦克是苏联在 20 世纪 30 年代末研制的一款重型坦克，由于这款坦克在 KV-1 重型坦克的基础上改进而成，因此干脆使用了 KV-1 重型坦克的车体，再搭载新型炮塔进行使用。

KV-2 重型坦克的炮塔采用五边形设计，整体看起来"方头方脑"且异常巨大。炮塔服务于主炮，如此巨大的炮塔，自然也不会是为了安装一门小口径火炮（火炮口径越大，射击时产生的后坐力就越大，因此炮塔内部需预留足够的火炮后坐空间）。

KV-2 重型坦克的主要武器为一门 152 毫米榴弹炮，这是一种大口径火炮，能够对掩体、工事及碉堡内的敌方有生力量进行杀伤，是一款高效的支援坦克。同时，为了压制单个或数个步兵单位，减少轻型反坦克武器的威胁，KV-2 重型坦克还配有两挺 7.62 毫米 DP 轻机枪，利用 7.62 毫米 ×54 毫米有缘步枪弹对目标进行压制或杀伤。

由于具备猛烈的火力，因此这款坦克也被称为"巨人"或"无畏战列舰"。

KV-2 重型坦克的使用

KV-2 重型坦克火力强悍，装甲厚度也达到了 75 毫米，战争初期，德军的 37 毫米反坦克火炮难以对这款巨大的"自行火炮"造成实际威胁。

当然，强悍的火力、加厚的装甲也给 KV-2 重型坦克带来了机动性不佳的"副作用"，巨大的炮塔也让这辆坦克"头重脚轻"，整体稳定性不佳。因此在战争中期，苏军改用"喀秋莎"火箭炮作为主要支援火力，KV-2 重型坦克就此停止了生产。

在如今的游戏（比如《坦克世界》与《战争雷霆》中，往往会出现顶着"方脑壳"且装备有 152 毫米火炮的 KV-2 重型坦克的身影），在视频网站上更是能搜索到许多玩家"驾驶"KV-2 重型坦克所完成的击杀剪辑。因此毫不夸张地说，KV-2 重型坦克是一款被当代游戏玩家广为喜爱的重型坦克。

九七式中型坦克

- 尺　　寸：长 5.5 米，宽 2.34 米，高 2.38 米
- 重　　量：15800 千克
- 乘　　员：4 人
- 续航里程：210 千米
- 装甲厚度：10~25 毫米
- 武器配备：一门 47 毫米坦克炮，两挺 7.7 毫米九七式车载重机枪
- 动力装置：一台 V-12 21.7 I 型发动机，功率 170 马力
- 行驶速度：38 千米/小时
- 产　　地：日本

早期坦克与二战中前期坦克

九七式中型坦克（Type 97 Medium Tank）是日本在 20 世纪 30 年代中期研制的一款中型坦克型号，作为当时日本陆军的装甲主力。

九七式中型坦克采用铆接工艺，铆钉使用痕迹在坦克外表肉眼可见,因此防护能力并不出色。

九七式中型坦克的主炮为一门九七式坦克炮，炮管长度为 1.05 米。由于炮管较短，因此发射炮弹时初速较低，仅有每秒 355.3 米。火炮主要发射穿甲弹与高爆弹，发射穿甲弹时 1000 米距离击穿 25 毫米装甲。

九七式中型坦克首先被日军应用在诺门罕战役中，在当时表现尚可。而随着时间式进入 20 世纪 40 年代，这款坦克在面对苏制、美制坦克和反坦克武器时就显得异常脆弱，例如 37 毫米反坦克火炮就能够从任意角度击穿九七式中型坦克的装甲。

1942 年，日本开始生产安装 47 毫米火炮的九七改式中型坦克，这款坦克被大规模使用。九七改式中型坦克的主炮为一门 47 毫米一式坦克炮，这款坦克炮炮管长度 2.52 米，发射 47 毫米 ×285 毫米炮弹。由于炮管更长，发射炮弹时炮口初速为 830 米/秒。同时，这款火炮的穿甲性能也更好。在发射一式穿甲弹时，在距目标 400 米处可击穿 70 毫米装甲，在距目标 1000 米处可击穿 50 毫米装甲，在距目标 1350 米处可击穿 40 毫米装甲。

日本投降后，部分九七式中型坦克与九七改式中型坦克由当时的中国军队接收。

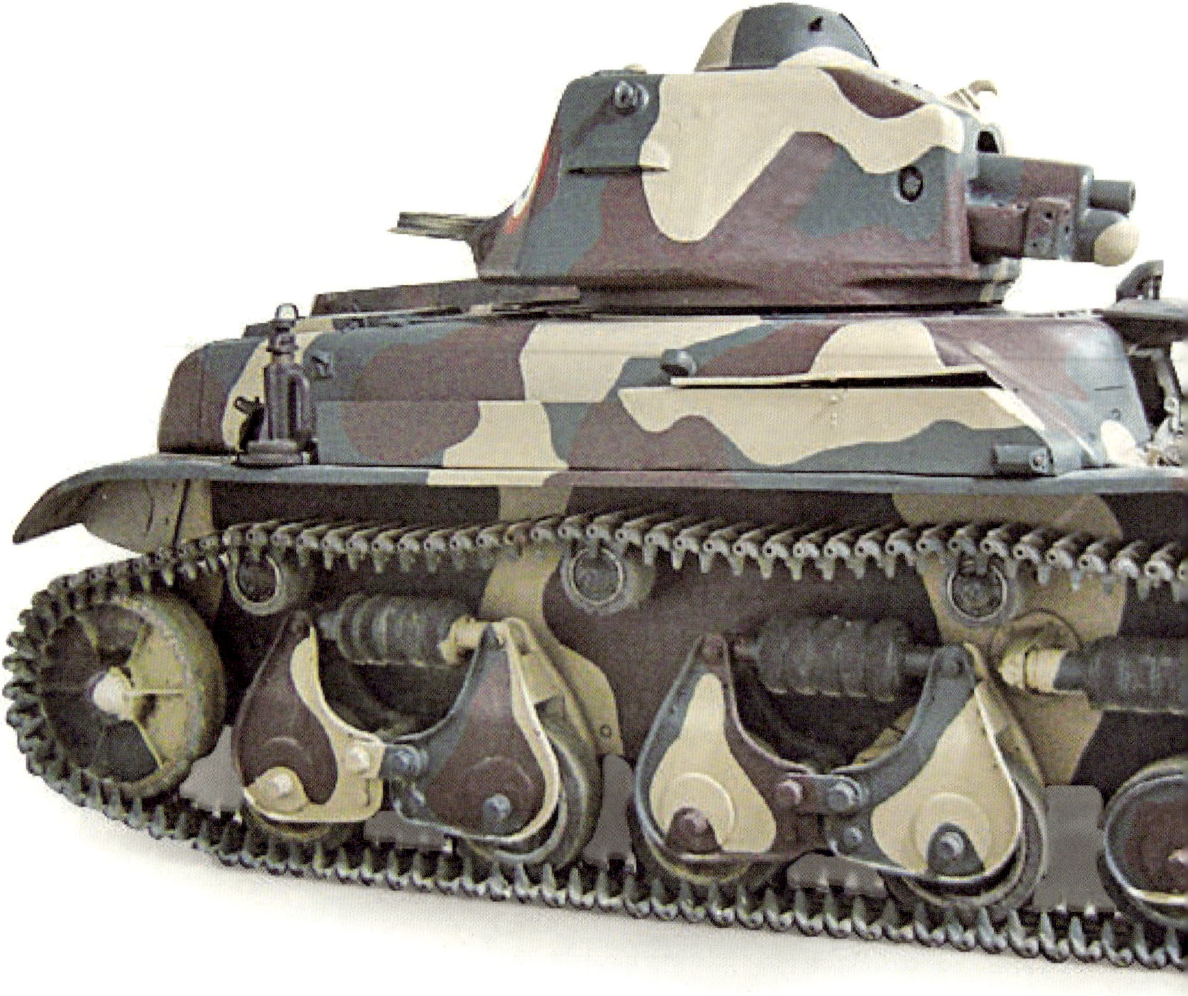

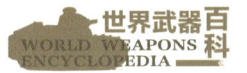

> 早期坦克与二战中前期坦克

雷诺 R-35 轻型坦克

- 尺　　寸：长 4.2 米，宽 1.85 米，高 2.37 米
- 重　　量：10000 千克
- 乘　　员：2 人
- 续航里程：140 千米
- 装甲厚度：最厚处 40 毫米
- 武器配备：一门 37 毫米火炮，一挺 7.5 毫米并列机枪
- 动力装置：一台雷诺 4 缸汽油发动机，功率 82 马力
- 机动性能：最大公路速度 20 千米/小时，涉水深 0.8 米，过垂直墙高 0.50 米，越壕宽 1.6 米
- 产　　地：法国

使用雷诺 R-35 轻型坦克底盘的 35（f）坦克歼击车

雷诺 R-35 轻型坦克是法国雷诺汽车公司在 1935 年研制的一款轻型坦克,并于 1936 年进行量产。

雷诺 R-35 轻型坦克与 FT-17 轻型坦克大小基本相当,发动机位于车体后部。车身两侧各有 5 个负重轮,主动轮位于前方,诱导轮位于后方。

雷诺 R-35 轻型坦克的动力装置为一台雷诺汽车公司生产的 4 缸汽油发动机,功率 82 马力。最大公路行驶速度为 20 千米/小时,机动性并不优秀。当然,对于当时的步兵支援坦克而言,机动性往往并非长项,雷诺 R-35 轻型坦克也是如此。

雷诺 R-35 轻型坦克的装甲最厚处为 40 毫米，在 20 世纪 30 年代中期有着不错的防御性能，提升了坦克在战场上的生存能力。同时，一门 37 毫米火炮与一挺 7.5 毫米并列机枪使雷诺 R-35 轻型坦克在兼顾生存能力的同时也具备一定火力打击能力，总体而言，在当时算是一款不错的坦克。

在 1940 年的法国战役中，面对德军装甲部队的集群作战，零星部署的雷诺 R-35 轻型坦克未能发挥作用，多数被德军俘获。

德军占领法国后，将一部分缴获的雷诺 R-35 轻型坦克改装为坦克歼击车。这款坦克歼击车使用雷诺 R-35 轻型坦克的底盘，并搭载斯柯达工厂生产的 47 毫米火炮，一直使用至 1944 年。

除法国与德国的军队外，雷诺 R-35 轻型坦克还装备了波兰、罗马尼亚、土耳其、意大利、匈牙利、瑞士、保加利亚、澳大利亚等国的军队，在 20 世纪 40 年代末仍被使用。

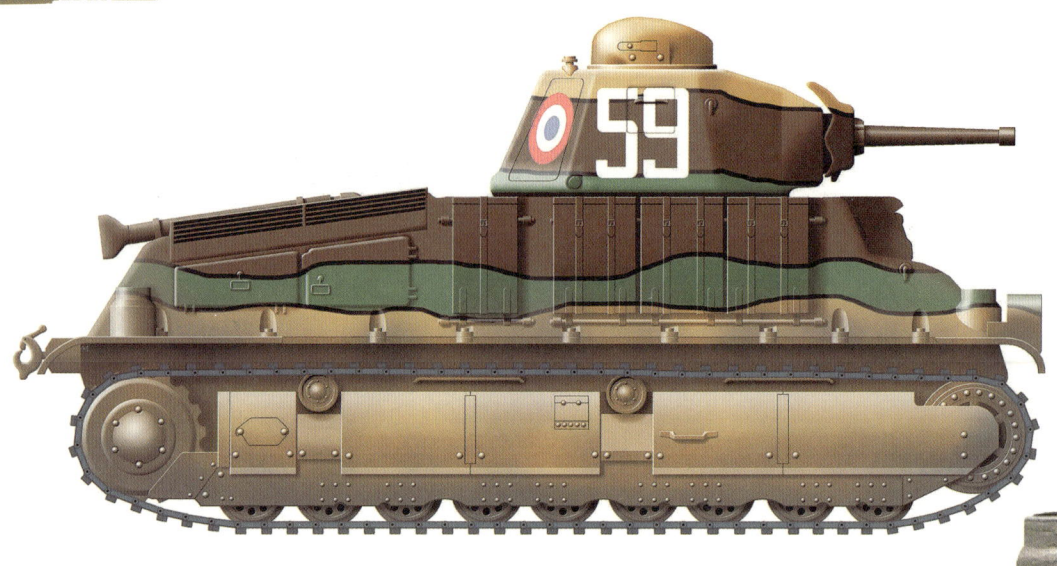

索玛 S-35 中型坦克

- ■ 尺　　寸：长 5.38 米，宽 2.12 米，高 2.62 米
- ■ 重　　量：19500 千克
- ■ 乘　　员：3 人
- ■ 续航里程：230 千米
- ■ 装甲厚度：20~55 毫米
- ■ 武器配备：一门 47 毫米火炮，一挺 7.5 毫米并列机枪
- ■ 动力装置：一台 SOMUA V-8 型汽油发动机，功率 190 马力
- ■ 机动性能：最大公路速度 40 千米 / 小时，涉水深 1 米，过垂直墙高 0.76 米，越壕宽 2.13 米
- ■ 产　　地：法国

早期坦克与二战中前期坦克

索玛 S-35 中型坦克（Somua S-35 Medium Tank）是法国在 20 世纪 30 年代早期研制的一款中型坦克型号，生产于 1936 年至 1940 年，主要装备法军的轻型机械化部队。

在当时，索玛 S-35 中型坦克所使用的技术先进，机动性良好，采用铸造而非铆接结构，因此在装甲结构上具备优势。同时，索玛 S-35 中型坦克车身正面装甲厚度为 47 毫米，车身两侧装甲厚度 40 毫米，炮塔正面、侧面装甲厚度均为 45 毫米，炮塔顶部装甲厚度为 25 毫米。由此可见，索玛 S-35 中型坦克有着不错的防御性能。

索玛 S-35 中型坦克的主炮为一门 47 毫米坦克炮，这种火炮炮管长 2.49 米，发射 47 毫米 ×380 毫米炮弹，炮口初速为 855 米 / 秒。由于有着较长的炮管和较高的初速，因此它可作为反装甲火炮使用。在使用穿甲弹时，索玛 S-35 中型坦克的主炮能够在距目标 550 米处击穿 60 毫米的装甲，在距目标 180 米处击穿 80 毫米的装甲。

考虑到战场情况多变,武器也是形形色色,一个简单的燃烧瓶就能够对坦克发动机造成毁灭性打击。因此,法国人为索玛 S-35 中型坦克安装了自动灭火系统,能够在一定程度上起到灭火作用。

除此之外,索玛 S-35 中型坦克的标准装备还包括无线电通信设备,使不同坦克的车组成员在枪弹横飞的战场上可以进行协同作战。

1940 年,德军大举入侵法国,法军使用索玛 S-35 中型坦克对德军进行反击。在 5 月 12 日至 5 月 13 日爆发的阿尼战役中,法军与德军投入坦克、装甲车总数约 1500 辆。在战斗中,索玛 S-35 中型坦克在对抗德军坦克时总是能占上风,足以见得这款坦克的优秀。

德军占领法国后,俘获了相当一部分的索玛 S-35 中型坦克,由于性能优秀,德军继续使用这款坦克,并将其命名为"Panzerkampfwagen 35-S739 (f)"。其中一部分索玛 S-35 中型坦克被德军开往东线,和苏军进行作战。

一号坦克 F 型

- ■ 尺　　寸：长 4.38 米，宽 2.64 米，高 2.05 米
- ■ 重　　量：21000 千克
- ■ 乘　　员：2 人
- ■ 续航里程：150 千米
- ■ 装甲厚度：25~80 毫米
- ■ 武器配备：两挺 7.92 毫米 MG34 通用机枪
- ■ 动力装置：一台 150 马力迈巴赫 HL45P 发动机
- ■ 行驶速度：最大公路速度 25 千米/小时
- ■ 产　　地：德国

早期坦克与二战中前期坦克

一号坦克 F 型（Panzer I Ausf.F）是德国在一号坦克（Panzer I）的基础上改进而成的轻型坦克型号。而一号坦克则是德国在 20 世纪 30 年代初开始研发的一款轻型坦克型号，1935 年，一号坦克开始量产，首个型号为一号坦克 A 型。

如果要说一号坦克的特点，那么大概可以总结为四个字——"没有主炮"。一号坦克并未设计和安装主炮，因此炮塔尺寸与内部空间也比较小（不用为火炮预留后坐空间），主武器为两挺 MG34 通用机枪，发射 7.92 毫米 ×57 毫米毛瑟步枪弹，虽然这是一种全威力步枪弹，但让其执行反装甲任务实在是过于勉强。

至于只安装两挺通用机枪的坦克在实战中表现如何，答案似乎没什么疑问。在西班牙内战中，一号坦克 A 型被德国用于支援西班牙国民军与西班牙长枪党。在面对西班牙共和军、人民阵线以及国际纵队装备的苏制 T-26 轻型坦克时，一号坦克 A 型往往是被"吊打"的那个。为了缓解被"吊打"的局面，一部分一号坦克 A 型换装了意大利制造的 20 毫米机关炮，在面对 BT 系列坦克时，有了"放手一搏"之力。

早期坦克与二战中前期坦克

一号坦克 B 型在一号坦克 A 型的基础上改进而成，主要改动为换装了功率 100 马力的迈巴赫 NL38TR 汽油发动机，机动能力略微进步。一号坦克 B 型也参与了西班牙内战，其中一部分被西班牙共和军缴获，西班牙共和军也明白将两挺 7.92 毫米通用机枪作为坦克的主武器将时火力过差，因此将法国产 25 毫米坦克炮安装到一号坦克 B 型的炮塔中进行使用。

在此之后，德国又推出了一号坦克 C 型、一号坦克 D 型。入侵波兰后，德军发现一号坦克难以抵挡反坦克武器的直射，因此决定对这款坦克进一步升级，一号坦克 F 型就此应运而生。

一号坦克 F 型罕见地使用了交错负重轮设计，且履带较宽。正面装甲厚度为 80 毫米，侧面装甲厚度为 50 毫米。因此，这款改进型可以看作是一号坦克的重装甲化升级型。当然，更加厚重的装甲也牺牲了一号坦克 F 型的机动性，最大公路速度只有 25 千米 / 小时，低于一号坦克 A 型和 B 型的 37 千米 / 小时、40 千米 / 小时，远低于一号坦克 C 型的 79 千米 / 小时。

一号坦克 F 型主要被德军应用在东线战场，对苏军进行攻击，与优秀的后期型四号坦克、豹式中型坦克、虎式重型坦克相比，并未取得出色的战果，其中一些还被苏军俘获。因此，一号坦克 F 型能够在如今俄罗斯的一些军事博物馆内看到。

一号坦克

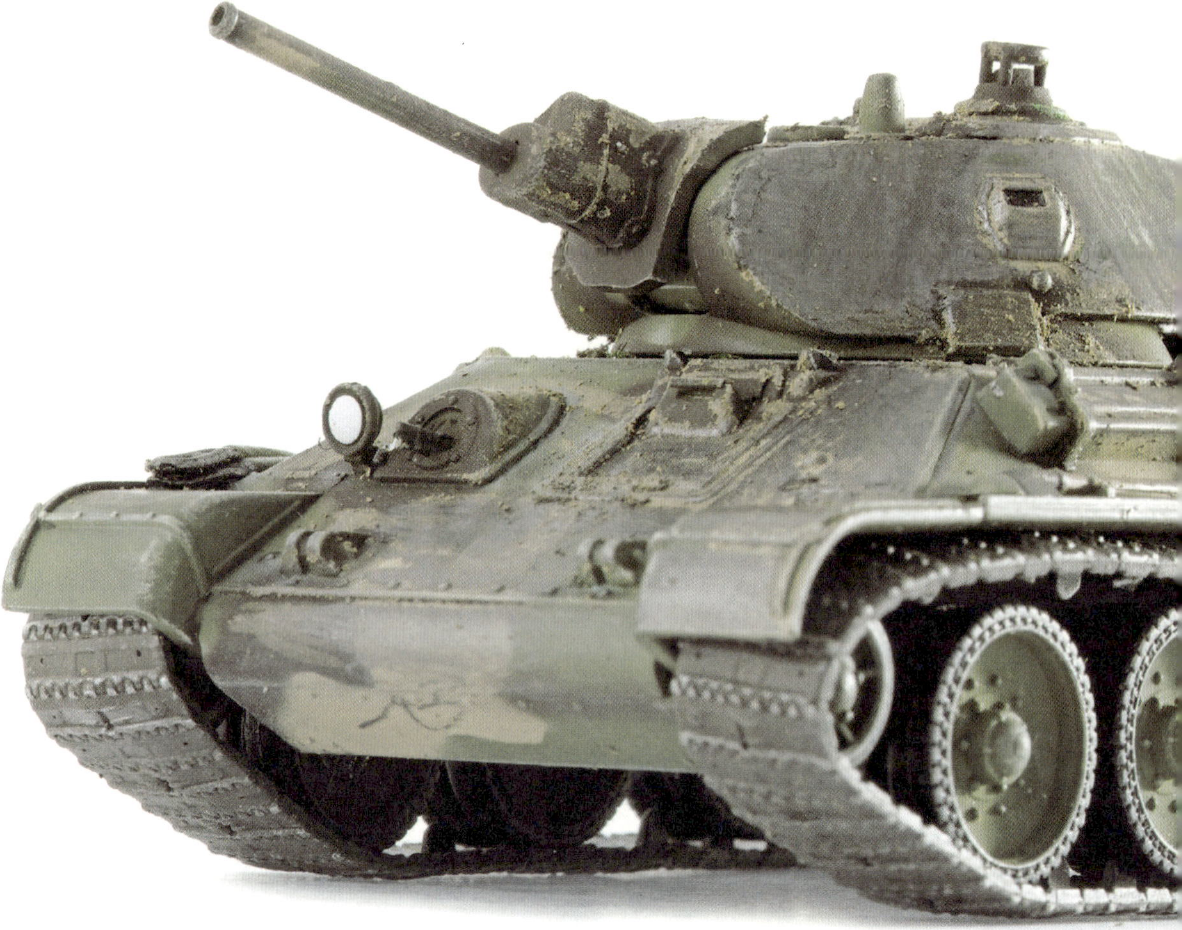

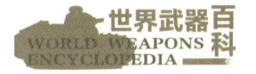

> 早期坦克与二战中前期坦克

T-34/76 中型坦克

- 尺　　寸：长 6.68 米，宽 3 米，高 2.45 米
- 重　　量：26500 千克
- 乘　　员：4 人
- 续航里程：约 400 千米
- 装甲厚度：20~45 毫米
- 武器配备：一门 76.2 毫米 F-34 坦克炮（早期型为 76.2 毫米 L-11 坦克炮），两挺 7.62 毫米机枪
- 动力装置：一台 V-2-34 V-12 柴油发动机，功率 500 马力
- 机动性能：最大公路速度 55 千米/小时，涉水深 1.37 米，过垂直墙高 0.71 米，越壕宽 2.95 米
- 产　　地：苏联

T-34/76 中型坦克是苏联在 1937 年开始研制、1940 年进行量产的中型坦克型号，主要装备苏军。

T-34/76 中型坦克结构简单，生产成本较低，但火力与装甲都不"含糊"。T-34/76 中型坦克的主炮为一门 76.2 毫米 F-34 坦克炮，这门坦克炮炮管长 3.2 米，发射 76.2 毫米 ×385 毫米炮弹，炮口初速为 680 米 / 秒，最大射程 11200 米。F-34 坦克炮在发射 BR-350A 穿甲弹且入射角为 60 度时，距目标 1500 米能够击穿 43~52 毫米装甲，距目标 1000 米可击穿 50~63 毫米装甲，距目标 500 米可击穿 59~70 毫米装甲，距目标 300 米可击穿 63~79 毫米装甲，距目标 100 米可击穿 69~86 毫米装甲。

如果入射角为 90 度，F-34 坦克炮发射的 BR-350A 穿甲弹能够在距目标 1500 米处穿透 58~65 毫米装甲，在距目标 1000 米处击穿 63~73 毫米装甲，在距目标 500 米处击穿 70~78 毫米装甲，在距目标 300 米处击穿 76~84 毫米装甲，在距目标 100 米处击穿 80~89 毫米装甲。

如果更换 BR-350B 穿甲弹的话，T-34/76 中型坦克的主炮穿深性能还能提升。在入射角为 60 度时，F-34 坦克炮若使用 BR-350B 穿甲弹，距目标 1500 米能够击穿 48~55 毫米装甲，距目标 1000 米能够击穿 55~71 毫米装甲，距目标 500 米能够击穿 62~76 毫米装甲，距目标 300 米能够击穿 69~82 毫米装甲，距目标 100 米能够击

早期坦克与二战中前期坦克

穿 74~89 毫米装甲。如入射角 90 度，BR-350B 穿甲弹能够在距目标 1500 米处击穿 62~69 毫米装甲，在距目标 1000 米处击穿 68~78 毫米装甲，在距目标 500 米处击穿 75~84 毫米装甲，在距目标 300 米处击穿 81~90 毫米装甲，在距目标 100 米处击穿 86~94 毫米装甲。

F-34 坦克炮发射 BR-350P 穿甲弹的穿深能力则更进一步。入射角为 60 度时，距目标 500 米可击穿 77 毫米装甲，距目标 300 米可击穿 87 毫米装甲，距目标 100 米可击穿 92 毫米装甲。入射角为 90 度时，距目标 500 米可击穿 92 毫米装甲，距目标 300 米可击穿 98 毫米装甲，距目标 100 米可击穿 102 毫米装甲。值得一提的是，当德军装备了虎式重型坦克后，BR-350P 穿甲弹的百米内 102 毫米的穿深性能，是 T-34/76 中型坦克击毁虎式坦克的关键。

当然了，在 20 世纪 40 年代初期的 1940 年、1941 年，T-34/76 中型坦克的火力还是数一数二的。T-34/76 中型坦克的车体前装甲、侧装甲厚度为 45 毫米，60 度的倾斜装甲为其带来了约 90 毫米的等效装甲与更好的抗弹性。同时，想要迂回"绕后"来击毁 T-34/76 中型坦克也不是那么容易，因为车体后部装甲厚度为 40 毫米，同样采用倾斜装甲设计。炮塔装甲厚度与车体装甲基

本相同。

　　T-34/76中型坦克的动力装置为一台V-2-34V-12柴油发动机,功率500马力,最大公路速度为55千米/小时。对于一款有着凶猛火力和坚硬防护的坦克来说,如此的机动性已然称得上是出色了。

　　在战场上,T-34/76中型坦克能够执行各种任务,集群突击、战术侦察、坦克抢救与人员输送皆可胜任。考虑到生产成本与战时消耗、补充,T-34/76中型坦克制造工艺粗糙,但具备易于生产的特点,能够快速弥补战时损失。总体来看,T-34/76中型坦克是一款火力、装甲与机动性平衡的坦克。正因如此,在德军入侵苏联后,这款坦克为德军带来了很大的阻力。

　　在苏德对峙的战场上,T-34/76中型坦克粗糙简陋的外观和能够洞穿当时德军所有主力坦克的76.2毫米火炮,将德军惊得目瞪口呆,迫使德国不得不对四号坦克进行改装,搭载更大口径的火炮。

　　同时,苏军的T-34/76中型坦克也惊动了德军统帅部,德军将领海因茨·威廉·古德里安下令对苏军这款坦克进行调查。调查工作由德军

> 早期坦克与二战中前期坦克

向前线派遣的坦克委员会来执行，对 T-34/76 中型坦克进行评估。评估的结果甚至直接影响到了德国后续的坦克设计，并在豹式中型坦克、虎王重型坦克的设计中体现——抛弃垂直装甲，开始大规模使用倾斜装甲。

因此，毫不夸张地说，T-34/76 中型坦克是一款出色的坦克型号，出色到改变了二战中德国后续的坦克设计。

T-34/76 中型坦克 1942/43 年型
- 尺　　寸：长 6.68 米，宽 3 米，高度不详
- 重　　量：29800 千克
- 乘　　员：4 人
- 续航里程：300 千米
- 装甲厚度：20~60 毫米
- 武器配置：一门 76.2 毫米 F-34 坦克炮，两挺 7.62 毫米机枪
- 动力装置：一台 V-2-34 V-12 柴油发动机，功率 500 马力
- 机动性能：最大公路速度 49 千米/小时，涉水深 1.37 米，过垂直墙高 0.71 米，越壕宽 2.95 米
- 产　　地：苏联

早期坦克与二战中前期坦克

T-34/76 中型坦克 1942/43 年型沿用了此前 T-34/76 型号的倾斜式装甲车体，在这一基础上更换了炮塔。新型炮塔采用六角形设计和均质钢铸造工艺。与前型号相比，这种炮塔内部空间有所增加，装甲厚度也增至 53 毫米。小幅度倾斜的炮塔装甲虽然加厚，但牺牲了抗弹外形，炮塔被命中时不易产生跳弹，只能通过装甲厚度进行"硬抗"。此外，T-34/76 中型坦克 1942/43 年型的炮塔比早期型坦克炮塔更高。

T-34/76 中型坦克 1942/43 年型装备苏军部队，投入数量多，使用广泛。因此，如今人们能够在博物馆或影视作品中看到的苏军坦克大多是 T-34/76 中型坦克 1942/43 年型。作为第二次世界大战中苏军的主要装甲力量，无论是在欧洲战场，还是在亚洲战场，都有它的身影。

早期坦克与二战中前期坦克

T-34/85 中型坦克
- 尺　　寸：长 8.15 米，宽 3 米，高 2.6 米
- 重　　量：32000 千克
- 乘　　员：5 人
- 续航里程：320 千米
- 装甲厚度：30~80 毫米
- 武器配备：一门 85 毫米 D-5T L/53 火炮或一门 85 毫米 ZIS-S-53 火炮，两挺 7.62 毫米机枪
- 动力装置：一台 V-2-34/V-2-34M 型发动机，功率 500 马力
- 机动性能：最大公路速度 50 千米/小时，最大越野速度 30 千米/小时，涉水深 1.3 米，过垂直墙高 0.73 米，越壕宽 2.5 米
- 产　　地：苏联

并列机枪

步兵扶手

外挂油箱

早期坦克与二战中前期坦克

85毫米主炮

车长塔

驾驶员舱盖

备用履带

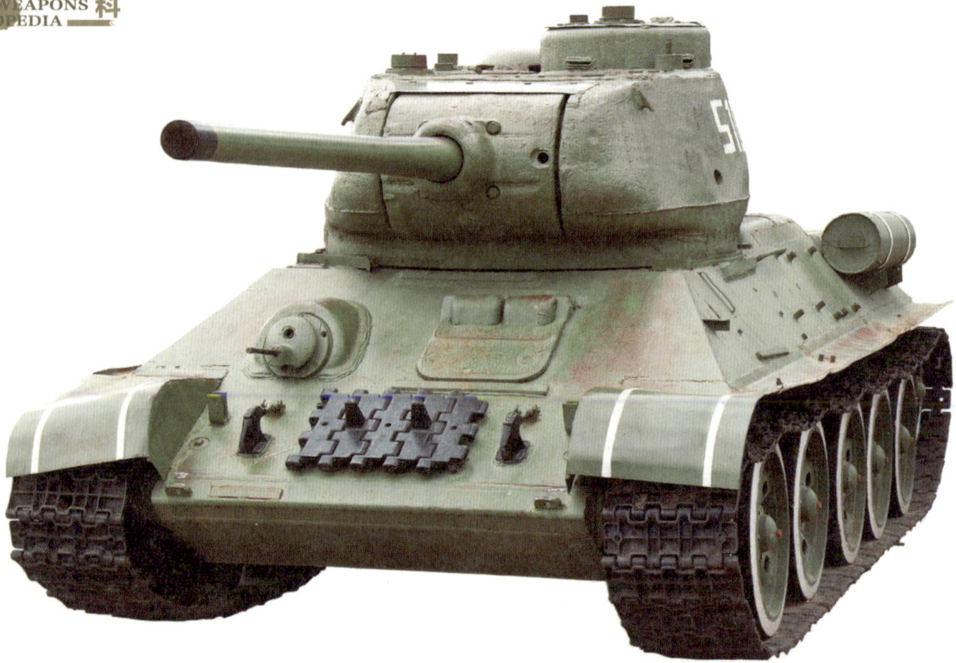

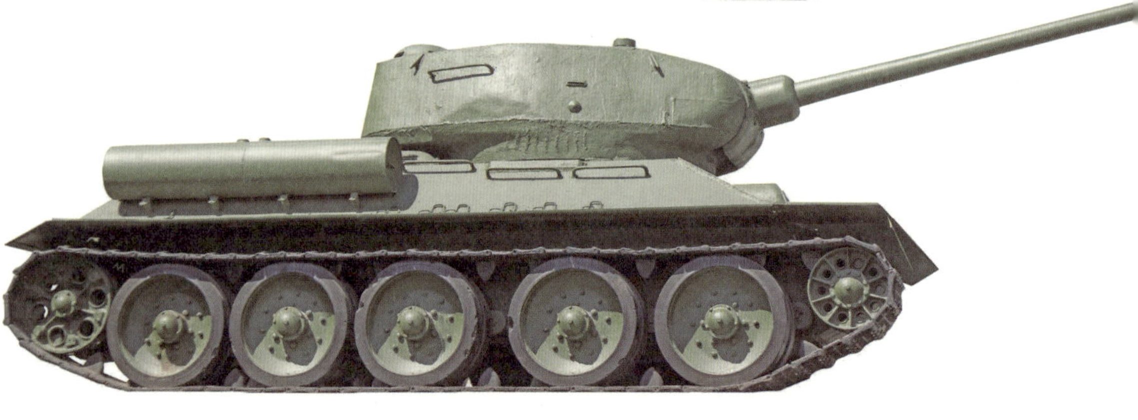

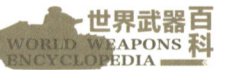

当豹式中型坦克、虎式重型坦克被德军投入至东线战场后,苏军T-34/76中型坦克的76.2毫米火炮就有些难以招架。为了能够在战场上压制德军的新型坦克,苏军将T-34/76中型坦克进行升级,换装新型车体与炮塔,主炮更换为一门85毫米火炮,射击时炮口初速为797米/秒,能够在500米内击穿虎式重型坦克的正面装甲,T-34/85中型坦克就此"诞生"。T-34/85中型坦克生产工艺简单,适合大量生产并装备,因此这款坦克共生产48950辆,是二战中生产数量最多的坦克。

T-34/85中型坦克从1943年12月开始量产,在1944年投入战场。这款坦克的装备使得苏军坦克在面对德军豹式中型坦克与虎式重型坦克时,不必再绕至德军坦克侧翼并在相对近的距离内再进行射击。甚至,当时号称"动物园杀手"(德军战车多以"虎""豹"等动物为命名)的SU-100坦克歼击车也是在T-34/85中型坦克的车体上加装了100毫米火炮发展而来,并在反重型装甲的战斗中立下了汗马功劳。

世界武器百科
WORLD WEAPONS ENCYCLOPEDIA

早期坦克与二战中前期坦克

四号坦克

四号坦克 F2 型

- 尺　　寸：长 6.63 米，宽 2.88 米，高 2.68 米
- 重　　量：23600 千克
- 乘　　员：5 人
- 续航里程：200 千米（公路），130 千米（越野）
- 装甲厚度：20~50 毫米
- 武器配备：一门 75 毫米 KwK 40 L/43 火炮，两挺 7.92 毫米 MG 34 通用机枪
- 动力装置：一台迈巴赫 HL 120 TRM 12 缸汽油水冷发动机
- 行驶速度：最大公路速度 40 千米/小时
- 产　　地：德国

四号坦克早期型号

> 早期坦克与二战中前期坦克

四号坦克是德国在 20 世纪 30 年代中期研制生产的一款中型坦克，在设计之初，这款坦克主要作为步兵的支援坦克使用，而反装甲的任务则由三号坦克来完成。1937 年 10 月，四号坦克 A 型驶下生产线。

由于作为步兵支援坦克使用，四号坦克 A 型的主炮为一门 75 毫米 24 倍径坦克炮，在当时德军的战斗序列中被命名为 "7.5cm KwK 37L/24"。四号坦克 A 型的 24 倍径坦克炮能够发射榴弹、高爆弹、穿甲弹、烟幕弹等弹种。虽说早期四号坦克主要作为步兵支援坦克使用，但军队是一个物尽其用的地方，因此这门炮管仅有 1.77 米长的短管坦克炮也能够发射穿甲弹，当然，由于炮管较短，初速仅有 385 米 / 秒。对于这门火炮的装甲穿深性能，德军也有过测试，距目标 1500 米能够击穿 33 毫米装甲，距目标 1000 米能够击穿 35 毫米装甲，距目标 500 米能够击穿 39 毫米装甲，距目标 100 米能够击穿 41 毫米装甲。

四号坦克 A 型车体正面装甲厚度为 14.5 毫米，炮塔正面装甲厚度为 20 毫米。整体装甲薄弱，因此这一型号通常只作为训练坦克使用。

由于四号坦克 A 型装甲薄弱，因此仅生产 37 辆后就转为生产四号坦克 B 型。四号坦克 B 型强化了装甲，并使用迈巴赫 HL 120 TR 汽油发动机，增强了坦克的机动性，使坦克的最大公路速度提高至 39 千米 / 小时。

早期坦克与二战中前期坦克

四号坦克C型于1938年开始量产，该型号坦克炮塔正面装甲增厚至30毫米，坦克重量18140千克。同时，四号坦克C型开始使用迈巴赫HL120 TRM发动机。

四号坦克D型于1939年开始量产，侧面装甲厚度提升至20毫米，使得坦克的防护能力有所提高。同时，四号坦克D型的车身机枪也做了调整，并将炮塔机枪的内部炮盾改为外部炮盾。

四号坦克E型于1940年开始量产，该型号坦克的车体前装甲厚度提升至50毫米，并在车体首上的倾斜装甲上加装一块30毫米钢板。从1939年12月到1941年4月，德国共生产280辆四号坦克E型。

1941年4月，四号坦克F1型开始进行量产。该型号坦克的车体与炮塔前方装甲厚度为50毫米（无附加装甲），侧方装甲为30毫米。同时，四号坦克F1型的履带宽度也由380毫米增至400毫米，方便后续安装雪地单向齿轮配件，并且使坦克对于不良路面的兼容性有所提升。

1941年6月，德军在入侵苏联的战斗中发现，三号坦克在面对苏军的T-34/76中型坦克时往往是被压制的一方，因此不得不对现有战车进行升级。三号坦克因结构原因无法更换更长的火炮，而四号坦克却没有这样的问题，因此德国着手对四号坦克进行升级，首先被升级的自然是四号坦克F1型。

升级后的新型坦克为"四号坦克F2型"，该型号坦克的主炮为一门75毫米43倍径火炮。这门主炮炮管长3.28米，发射75毫米×495毫米炮弹。发射Pzgr.39穿甲弹时，炮口初速为740米/秒，距目标2000米可击穿63毫米装甲，距目标1500米可击穿72毫米装甲，距目标1000米可击穿82毫米装甲，距目标500米可击穿91毫米装甲，距目标100米可击穿99毫米装甲。

如果换装Pzgr.40穿甲弹，四号坦克F2型主炮射击时的初速可高达920米/秒，穿甲性

早期坦克与二战中前期坦克

能更为强悍：距目标 3000 米可击穿 65 毫米装甲，距目标 2500 米可击穿 77 毫米装甲，距目标 2000 米可击穿 91 毫米装甲，距目标 1500 米可击穿 108 毫米装甲，距目标 1250 米可击穿 117 毫米装甲，距目标 1000 米可击穿 127 毫米装甲，距目标 750 米可穿透 139 毫米装甲，距目标 500 米可穿透 151 毫米装甲，距目标 250 米可穿透 164 毫米装甲，距目标 100 米可击穿 173 毫米装甲。

四号坦克 F2 型在生产三个月后便更名为"四号坦克 G 型"，并在生产的过程中持续进行改进。改进方面包括在车体前方安装一块 30 毫米装甲板，使正面装甲的厚度达到 80 毫米，这一改动受到前线德军士兵的好评，因此后续生产的四号坦克 G 型直接将 30 毫米装甲板焊接到车体上。此外，1943 年 4 月开始生产的四号坦克 G 型换装了 75 毫米 48 倍径火炮。这种火炮全长 3.61 米，发射 Pzgr.39 穿甲弹时初速达到了 790 米 / 秒，距目标 2000 米可击穿 64 毫米装甲，距目标 1500 米可击穿 75 毫米装甲，距目标 1000 米可击穿 86 毫米装甲，距目标 500 米可击穿 97 毫米装甲，距目标 100 米处可击穿 110 毫米装甲。

四号坦克 G 型的 75 毫米 48 倍径火炮也能够发射 Pzgr.40 穿甲弹，发射时炮口初速为 930 米 / 秒，距目标 3000 米可击穿 66 毫米装甲，距目标 2500 米可击穿 78 毫米装甲，距目标 2000 米可击穿 92 毫米装甲，距目标 1500 米可击穿 109 毫米装甲，距目标 1000 米可击穿 130 毫米装甲，距目标 500 米可击穿 154 毫米装甲，距目标 250 米可击穿 167 毫米装甲，距目标 100 米可击穿 176 毫米装甲。

1943 年 4 月，四号坦克 H 型开始量产。该型号坦克的正面装甲厚度增至 80 毫米（无附加装甲）。德军士兵会使用磁性反坦克手雷（磁性反坦克手雷在投掷后，手雷底部的磁铁会吸附在目标坦克上，数秒后爆炸，对坦克装甲进行破坏）来执行反坦克任务，为防止盟军对这种武器进行"复制"，四号坦克 H 型的装甲表面增加了防磁涂层。

四号坦克 J 型
- 尺　　寸：长 7.02 米，宽 2.88 米（加装侧裙则为 3.3 米），高 2.68 米
- 重　　量：25000 千克
- 乘　　员：5 人
- 续航里程：300 千米（公路），180 千米（越野）
- 装甲厚度：20~80 毫米
- 武器配备：一门 75 毫米 KwK L/48 火炮；两挺 7.62 毫米 MG34 通用机枪
- 动力装置：一台迈巴赫 HL 120 TRM 12 缸汽油水冷发动机
- 行驶速度：最大公路速度 40 千米/小时
- 产　　地：德国

早期坦克与二战中前期坦克

四号坦克 J 型是整个四号坦克系列中的最后一款量产型,于 1944 年、1945 年进行生产,此时第二次世界大战已进入尾声。苏军在东线发动大规模反击,1944 年 6 月,盟军在诺曼底进行登陆作战并快速向法国内陆推进,因此四号坦克 J 型的生产过程被大幅简化,以便更快地投入战场。

【小贴士】由于四号坦克具有多种型号,为方便阅读,这里统一对四号坦克的生产年份进行整理:A 型(1937 年)、B 型(1938 年)、C 型(1938、1939 年)、D 型(1939 年、1940 年)、E 型(1940 年、1941 年)、F1 型(1941 年)、F2 型(1942 年)、G 型(1942 年、1943 年)、H 型(1943 年、1944 年)、J 型(1944 年、1945 年)。

T-34/76 中型坦克

- 尺　　寸：长 6.68 米，宽 3 米，高 2.45 米
- 重　　量：26500 千克
- 乘　　员：4 人
- 续航里程：约 400 千米
- 装甲厚度：20~45 毫米
- 武器配备：一门 76.2 毫米 F-34 坦克炮（早期型为 76.2 毫米 L-11 坦克炮），两挺 7.62 毫米机枪
- 动力装置：一台 V-2-34 V-12 柴油发动机，功率 500 马力
- 机动性能：最大公路速度 55 千米 / 小时，涉水深 1.37 米，过垂直墙高 0.71 米，越壕宽 2.95 米
- 产　　地：苏联

四号坦克 F2 型

- 尺　　寸：长 6.63 米，宽 2.88 米，高 2.68 米
- 重　　量：23600 千克
- 乘　　员：5 人
- 续航里程：200 千米（公路），130 千米（越野）
- 装甲厚度：20~50 毫米
- 武器配备：一门 75 毫米 KwK 40 L/43 火炮，两挺 7.92 毫米 MG 34 通用机枪
- 动力装置：一台 HL 120 TRM 12 缸汽油水冷发动机
- 行驶速度：最大公路速度 40 千米 / 小时
- 产　　地：德国

早期坦克与二战中前期坦克

在四号坦克换装75毫米KwK 40 L/43火炮以前,早期的步兵支援火炮无法击穿T-34/76中型坦克的装甲。当然,T-34/76中型坦克的正面装甲难以被击穿也与这款坦克的倾斜装甲有直接关联,这款中型坦克车体装甲厚度45毫米,倾斜角度60度(等效装甲厚度约为90毫米)。

换装了75毫米KwK40L/43火炮的四号坦克F2型很快定型为G型,与豹式中型坦克、虎式重型坦克协同作战。除了坦克性能以外,德军坦克的通信能力远强于苏军,协同作战能力更强。在库尔斯克会战中,德军装备的这些坦克给苏军的T-34/76中型坦克造成了重大损失。

豹式中型坦克

- 尺　　寸：长 8.86 米，宽 3.43 米，高 3.1 米
- 重　　量：45500 千克
- 乘　　员：4 人
- 续航里程：177 千米
- 装甲厚度：20~110 毫米（含炮盾）
- 武器配备：一门 75 毫米 KwK 42 L/70 火炮，两挺 7.92 毫米 MG34 通用机枪
- 动力装置：一台迈巴赫 HL 230 12 缸柴油发动机，功率 700 马力
- 机动性能：最大公路速度 55 千米 / 小时，涉水深 1.7 米，过垂直墙高 0.91 米，越壕宽 1.91 米
- 产　　地：德国

早期坦克与二战中前期坦克

豹式中型坦克的诞生与苏联 T-34/76 中型坦克有着直接关联。1941年6月，德军入侵苏联，歼灭了大量苏军有生力量。但德军在战斗中发现，他们的坦克在面对苏军的 T-34/76 中型坦克时连连吃亏，难以匹敌，甚至惊动了德军高层。

为此，海因茨·威廉·古德里安派出一个名为"坦克委员会"的调查团抵达苏德战场前线，对接连让德军"折戟"的苏军 T-34/76 中型坦克进行调查。

通过调查，坦克委员会发现了 T-34/76 中型坦克为何能在战斗中压制德军坦克的原因。首先，苏联 T-34/76 中型坦克采用76.2毫米火炮，无论破甲能力还是杀伤力均优于当时主流坦克装备的 37~50 毫米火炮；其次，大规模使用倾斜装甲的设计有着约为实际装甲两倍的等效装甲与更好的抗弹性；最后，T-34/76 中型坦克使用较宽的履带，通过加大着地面积，降低地面承受的压力，以提高坦克在较为松软的土地上行驶时的机动力。总结来说就是，T-34/76 中型坦克既有凶猛的火力，又有强大的防护，机动性优秀且能够适应恶劣环境，设计理念先进。

为了能够在战场上克制 T-34/76 中型坦克，德国戴姆勒-奔驰公司与 MAN 公司开始新型坦克的设计。1942年4月，双方提交各自的设计，由于戴姆勒-奔驰公司的设计过于类似 T-34/76 中型坦克（宛如翻版），因此德国高层最终于1943年5月采用 MAN 公司设计的样品，豹式中型坦克就此诞生。

豹式中型坦克采用了不同于德国以往坦克的设计，比如车体、炮塔大规模采用倾斜装甲设计，宽大的履带能够使坦克在较为松软的地面上保持稳定与机动性。交错负重轮也让这款坦克识别度极高。交错负重轮有着越野性能好的优点，但缺点也很明显——结构复杂、不易维护。

豹式中型坦克的主炮为一门75毫米70倍径坦克炮（7.5cmKwK42L/70），炮管长5.25米，发射75毫米×640毫米炮弹，最大射程10000米。在发射Pzgr.39/42穿甲弹（被帽风帽穿甲弹，APCBC）时，炮口初速为935米/秒，距目标2000米可击穿89毫米装甲，距目标1500米可击穿99毫米装甲，距目标1000米击穿112毫米装甲，距目标500米可击穿124毫米装甲，距目标100米可击穿138毫米装甲。

同时，豹式中型坦克也能够使用Pzgr.40/42穿甲弹，这是一种硬芯穿甲弹。发射这种炮弹时，炮口初速为1130米/秒，距目标2000米可穿透106毫米装甲，距目标1500米可穿透127毫米装甲，距目标1000米可穿透149毫米装甲，距目标500米可穿透174毫米装甲，距目标100米可穿透194毫米装甲。

此外，最初德军将豹式坦克命名为"五号坦克'豹'"（Panzerkampfwagen V Panther），制式编号为"SdKfz.171"。后来德军弃用"五号坦克"的命名，直接将这款坦克称为"豹式"。

世界武器百科
WORLD WEAPONS ENCYCLOPEDIA

豹式中型坦克首次参战为1943年的库尔斯克会战。在面对德军的"老冤家"T-34/76中型坦克时,豹式中型坦克无论是火力还是装甲都优于苏军的坦克。但由于德军过于仓促地将豹式中型坦克投入战场,使得这款坦克频繁出现机械故障,比如履带与悬挂系统非常容易受损,发动机也容易因为过热而着火。德军第48装甲团在1943年7月的报告中提到,该团投入战斗中的200辆豹式中型坦克,作战仅4天就只有38辆能够参加作战,其中131辆处于待修状态,31辆则完全损坏。

库尔斯克会战后,德国对豹式中型坦克进行改进,改进了影响豹式中型坦克作战的机械问题。

即便是优秀的豹式中型坦克,也无法逃脱被盟军反装甲火力的摧毁。当然,盟军在战斗中也没少俘获豹式中型坦克并加以使用,比如苏军与英军都使用过豹式中型坦克,参与对德军的战斗。

160

早期坦克与二战中前期坦克

虎式重型坦克

- 尺　　寸：长 8.45 米，宽 3.73 米，高 3 米
- 重　　量：57000 千克
- 乘　　员：5 人
- 续航里程：100 千米
- 装甲厚度：15~100 毫米
- 武器配备：一门 88 毫米 KwK 36 L/56 火炮，两挺 7.92 毫米 MG34 机枪
- 动力装置：一台迈巴赫 HL 230 P45 12 缸汽油发动机，功率 700 马力
- 机动性能：最大公路速度 40 千米/小时，最大越野速度 20 千米/小时~25 千米/小时，涉水深 1.2 米，过垂直墙高 0.79 米，越壕宽 1.8 米
- 产　　地：德国

世界武器百科

虎式重型坦克也称"虎I坦克",是德国在1941年研制的一款重型坦克。这款重型坦克的德文名为"Panzerkampfwagen VI Ausf.E Tiger",因此也称为"六号坦克",制式编号为"Sd.Kfz.181"。虎式重型坦克由德国亨舍尔公司(Henschel Company)进行设计,1942年8月进行生产,其厚重的装甲与强大的火力令人印象深刻,是第二次世界大战中最著名的坦克之一。

虎式重型坦克的主炮为一门88毫米56倍径坦克炮,德军将这款火炮命名为"8.8cmKwK36 L/56"。火炮炮管长4.92米,炮口安装有制退器,能够在一定程度上减少火炮发射时产生的后坐力。在作战时,虎式重型坦克备弹92发,可发射Pzgr.39穿甲弹、Pzgr.40穿甲弹以及Gr.39 HL高爆破甲弹。

在发射Pzgr.39穿甲弹时,炮口初速为800米/秒,距目标2000米可击穿83毫米装甲,距目标1500米可击穿91毫米装甲,距目标1000米可击穿99毫米装甲,距目标500米可击穿110毫米装甲,距目标100米可击穿120毫米装甲。

早期坦克与二战中前期坦克

在发射 Pzgr.40 穿甲弹时,炮口初速为 930 米/秒,距目标 2000 米可击穿 110 毫米装甲,距目标 1500 米可击穿 123 毫米装甲,距目标 1000 米可击穿 138 毫米装甲,距目标 500 米可击穿 156 毫米装甲,距目标 100 米可击穿 171 毫米装甲。

虎式重型坦克的装甲在当时来说也是首屈一指。车体正面装甲厚度 100 毫米,炮塔正面装甲厚度 120 毫米。

1942 年下半年,虎式重型坦克被德军部署至东线战场。这款重型坦克能够在 1600 米的距离处摧毁苏军装备的 T-34/76 中型坦克,而 T-34/76 坦克在使用 HVAP 弹时才能在 500 米内的距离击穿虎式重型坦克的侧面装甲,在 300 米内击穿其炮盾。因此,虎式重型坦克整体性能强于苏军当时的主力型坦克。

虎式重型坦克比较典型的战例是盟军登陆诺曼底后爆发的波卡基村之战。在这场战斗中,德军军官米歇尔·魏特曼与其车组成员驾驶一辆虎式重型坦克,共击毁英军 27 辆坦克和其他战斗车辆,造成英军 217 人伤亡,可见当时虎式重型坦克的强悍。

虎式重型坦克机械结构精良,但生产工艺复杂,同时造价也很高,因此产量被大大限制。从 1942 年 8 月量产,到 1944 年 8 月停产,虎式重型坦克共生产 1350 辆。

虎式重型坦克的动力装置为一台迈巴赫 HL 230 P45 12 缸汽油发动机,功率 700 马力。虽然发动机功率很大,但由于虎式重型坦克战斗全重为 57000 千克,因此其最大公路速度仅为 40 千米/小时。

驾驶虎式重型坦克的苏联英雄——亚历山大·西多罗维奇·姆纳察卡诺夫

1944年1月,苏德战场,苏军统帅部决定对列宁格勒和诺夫哥罗德的德军北方集群发动攻击,彻底在列宁格勒地区将德军歼灭。在当时而言,虽然德军对列宁格勒的包围已于1943年被局部解除,但苏、德两军仍在列宁格勒周边地区交战。交战中,苏、德两军互有胜负,德军还能时而占到便宜,毕竟无论是虎式重型坦克、豹式中型坦克,还是四号坦克的后期型号,都能够压制苏军T-34/76中型坦克。

虽然当时苏军的坦克不如德军,但一位苏军坦克指挥官在其指挥T-34/76中型坦克与虎式重型坦克的战斗中,虽没有击毁"虎式",但却成功将其缴获。苏军用缴获的虎式重型坦克对德军进行杀伤,导致德军损失了数百人的有生力量及大量装备,最后苏军全身而退。

这位苏军英雄名为亚历山大·西多罗维奇·姆纳察卡诺夫(为方便阅读,后文简称"姆纳察卡诺夫")。

姆纳察卡诺夫出生于1921年,1941年苏联卫国战争爆发后,姆纳察卡诺夫放弃学业应征入伍,因出色的军事素质与文化水平而进入装甲学院进修。1942年9月,姆纳察卡诺夫作为苏军装甲兵被分配至斯大林格勒前线,指挥KV-1重型坦克排与德军进行战斗。

当时苏军的基层指挥普遍粗糙,基本上只是"直线前冲",这为苏军带来了很大的伤亡。而姆纳察卡诺夫的指挥却有所不同,比如他会在战场上与友邻单位进行协商,先利用掩体远距离狙杀(具有光学瞄具的坦克炮也是"狙击枪")德军火力点,迫使德军的隐藏火力开火并暴露目标,为苏军更靠后的作战单位(如重型坦克、火炮等)创造歼敌机会。等到德军被苏军火力压制或摧毁时,他的坦克部队再交替掩护推进。

早期坦克与二战中前期坦克

既然是战争,那么总会有伤亡。在之后的战斗中,姆纳察卡诺夫身负重伤。得益于当时苏联发达的医疗技术,姆纳察卡诺夫于半年后返回了部队,晋升坦克连连长。此时,由于苏军中的KV-1重型坦克已逐渐被T-34/76中型坦克替代,因此姆纳察卡诺夫也更换了"座驾"——T-34/76中型坦克。

1944年1月16日晚,接到了穿插任务的姆纳察卡诺夫,指挥坦克穿插分队向德军后方进行穿插。在穿插的过程中,姆纳察卡诺夫的T-34/76中型坦克车组在红村附近发现了一辆虎式重型坦克,这辆虎式重型坦克隶属于德军502重装甲营,其任务是在这里埋伏,偷袭苏军装甲部队。

姆纳察卡诺夫的T-34/76中型坦克先敌发现,先敌开火,从虎式后方攻击,击毁了虎式重型坦克。虎式重型坦克爆炸的冲天火光照亮了周围,只见周围还隐藏着一个庞然大物——另一辆虎式重型坦克。

苏军的T-34/76中型坦克随即开炮,幸存的德军虎式重型坦克慌乱地摆好迎敌角度。对于这个德军车组而言,幸运的是,虎式重型坦克的装甲非常厚重(只要不露"屁股"),T-34/76中型坦克的76.2毫米火炮很难奈何他们。但不幸的是,横飞的炮弹虽然打不穿这辆"老虎"的装甲,但炮弹命中装甲所产生的强大撞击让坦克内部的乘员眼冒金星,开炮反击纯靠"蒙",无法有效命中苏军坦克。

就在两辆坦克僵持之际，姆纳察卡诺夫的T-34/76中型坦克向虎式重型坦克飞速冲来，重重地撞到了虎式重型坦克侧面，卡住了虎式的履带。德军车组不明所以，想要逃离，却发现坦克出现故障，被困得动弹不得。

这时姆纳察卡诺夫拎着冲锋枪和反坦克手雷跳出他的T-34/76中型坦克，先对着虎式重型坦克的车长潜望镜扫了一梭子子弹，后又利用反坦克手雷逼得德军车组投降。至此，苏军缴获了一辆虎式重型坦克。

随后，姆纳察卡诺夫的分队与沃尔霍夫方面的苏军坦克团先头部队会师，标志着苏军成功合围了这一地区的德国军队，使被包围的列宁格勒彻底脱困。

兵者，诡道也。由于缴获了一辆虎式重型坦克，苏军也想在这辆坦克上做文章：一来，扩大战果；二来，这台虎式重型坦克可迷惑敌人，可用来侦察德军交通线，或攻击德军交通线，通俗来说就是利用这辆虎式重型坦克"潜伏"。

对于这一光荣的"潜伏"任务，姆纳察卡诺夫自然当仁不让，他挑选最好的装甲兵组成虎式车组。在掌握了虎式重型坦克的驾驶、操作与战斗性能后，姆纳察卡诺夫与其车组人员趁着夜色驾驶着虎式重型坦克出发了。

驶上公路后，姆纳察卡诺夫的这辆虎式重型坦克成功混进了德军正在后撤的车队。对于德军士兵来说，虎式重型坦克也不陌生，再加上坦克外面的人也看不到里面，因此他们并未发现这辆虎式坦克的车组已经被"调包"。

处于德军车队中的姆纳察卡诺夫的虎式重型坦克没有贸然进行射击。毕竟这么近的距离，德军士兵若是反应过来，摧毁这辆虎式重型坦克不

早期坦克与二战中前期坦克

是难事。但姆纳察卡诺夫的虎式重型坦克也没在德军队伍里"干耗着",总是给德军制造点儿混乱。

这时,虎式重型坦克那 57000 千克的庞大身躯被使用得恰到好处。姆纳察卡诺夫的虎式重型坦克装作"天黑路滑",一会儿"无意"地撞一辆汽车,一会儿"非有意"地碾一辆摩托,给德军车队造成了不小的混乱(此时德军汽车兵或许也在不断"问候"这辆虎式里的"502 重装甲营成员")。

在一个转弯处,姆纳察卡诺夫发现一处高地是非常理想的伏击地点。同时,转弯的道路狭窄,只要击毁一辆汽车,那么对具体路况掌握不明的德军便会"两眼一抹黑",只能被动挨打。即便德军组织反击,姆纳察卡诺夫的虎式重型坦克也能够快速反应。

说干就干,姆纳察卡诺夫的虎式重型坦克开上高地,将炮口对准公路开始了"怒吼"。同时,坦克上的机枪也开始了如同电锯般的"收割"。以有备打无备,德军很快就损失了数辆汽车与数门牵引火炮。遭到攻击的德军明白遭遇了苏军部队,但由于德军在匆忙后撤,难以组织重装备进行有效反击,因此整场战斗呈现出一边倒的状态。

当姆纳察卡诺夫的虎式重型坦克的弹药基本见底时,姆纳察卡诺夫下令撤退。驶下高地后,这辆虎式重型坦克还将德军抛弃的汽车碾压个遍,随后大摇大摆地向苏军阵地驶去。

姆纳察卡诺夫的虎式重型坦克接近苏军阵地时还发生了一个小插曲。在执行任务前,原计划姆纳察卡诺夫的这辆虎式重型坦克在返回时炮口向后,并在炮塔顶部挂上一件白衬衫。姆纳察卡诺夫的车组确实这样做了,但还是遭到了苏军炮兵的攻击。

这里不得不说,当时苏军基层的指挥很粗糙,情报工作也同样粗糙。

好在虎式重型坦克的装甲足够厚重,被一发迫击炮弹命中仍然有惊无险(除了虎式重型坦克里面的苏军车组成员被震得头晕眼花),最后只能由炮手与苏军进行联络,才让这辆虎式重型坦克安然返回苏军阵地。

事后经统计,姆纳察卡诺夫的虎式重型坦克车组共摧毁了德军 3 辆半履带装甲车、8 辆摩托车、25 辆汽车(15 辆卡车、10 辆 VW82"桶车"汽车),消灭了德军一个指挥部及数百名德军士兵。

1945 年 3 月,苏联授予姆纳察卡诺夫"苏联英雄"的光荣称号,并为他颁发编号为"7397"的金星勋章。在柏林战役中,姆纳察卡诺夫率领他的 T-34/85 中型坦克车组,与其他苏军官兵一起,给德意志第三帝国带来了最后一击。

T-34/85 中型坦克

- 尺　　寸：长 8.15 米，宽 3 米，高 2.6 米
- 重　　量：32000 千克
- 乘　　员：5 人
- 续航里程：320 千米
- 装甲厚度：30~80 毫米
- 武器配备：一门 85 毫米 D-5T L/53 火炮或一门 85 毫米 ZIS-S-53 火炮，两挺 7.62 毫米机枪
- 动力装置：一台 V-2-34/V-2-34M 型发动机，功率 500 马力
- 机动性能：最大公路速度 50 千米 / 小时，最大越野速度 30 千米 / 小时，涉水深 1.3 米，过垂直墙高 0.73 米，越壕宽 2.5 米
- 产　　地：苏联

虎式重型坦克

- 尺　　寸：长 8.45 米，宽 3.73 米，高 3 米
- 重　　量：57000 千克
- 乘　　员：5 人
- 续航里程：100 千米
- 装甲厚度：15~100 毫米
- 武器配备：一门 88 毫米 KwK 36 L/56 火炮，两挺 7.92 毫米 MG34 机枪
- 动力装置：一台迈巴赫 HL 230 P45 12 缸汽油发动机，功率 700 马力
- 机动性能：最大公路速度 40 千米 / 小时，最大越野速度 20 千米 / 小时 ~25 千米 / 小时，涉水深 1.2 米，过垂直墙高 0.79 米，越壕宽 1.8 米
- 产　　地：德国

早期坦克与二战中前期坦克

与T-34/76中型坦克的其他型号相比,使用新型炮塔的T-34/85中型坦克乘员增加了一名装填手,提升了坦克的作战效能。虽然单车性能不如虎式重型坦克,但T-34/85中型坦克已能够对虎式重型坦克造成威胁,基本终结了1943年德军装甲力量"一家独大"的状况。

面对T-34/85中型坦克,虎式重型坦克"占便宜"的情况已经不多见,这是由于坦克通常不会单车作战。T-34/85中型坦克机动性能与火力不输于虎式重型坦克,集群作战时优势更为明显。面对数倍于己的苏军坦克的围剿,德军的虎式重型坦克往往难以招架。

169

豹 II 中型坦克

图纸数据
- 装甲厚度：车体正面 100 毫米，车体侧面 60 毫米，车体后部 40 毫米，炮塔正面 120 毫米，侧面、后部 60 毫米
- 武器配备：一门 88 毫米 71 倍径火炮
- 动力装置：一台迈巴赫 HL234 发动机，功率 900 马力

早期坦克与二战中前期坦克

1943年2月，在豹式中型坦克正式投入使用前，德军高层就计划对这款坦克进行升级，新的升级型号被定名为"豹Ⅱ"。在这款坦克的设计理念中，豹Ⅱ中型坦克需要与新型的虎王重型坦克协同作战，形成中型与重型的搭配，因此豹Ⅱ中型坦克被要求与虎王重型坦克有着极高的零件互换性，其中包括刹车系统、悬挂系统、履带，以及车轮。同时，在计划中，豹Ⅱ中，型坦克搭载88毫米KwK43L/71火炮，车体正面装甲厚度100毫米，侧面装甲厚度60毫米，动力系统为一台功率900马力的迈巴赫HL234发动机，以利用这款坦克的强悍性能在战场上取得压倒性优势。

当时豹Ⅱ中型坦克的设计理念很先进，但为了让豹式中型坦克尽快形成战斗力，德国军备部还是将主要资源投入至豹式中型坦克的生产上，再加上当时的技术条件难以达到预期目的，因此在1943年5月，豹Ⅱ中型坦克的设计计划被无限期推迟。

早期坦克与二战中前期坦克

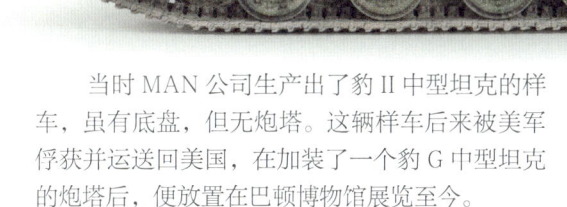

当时 MAN 公司生产出了豹 II 中型坦克的样车,虽有底盘,但无炮塔。这辆样车后来被美军俘获并运送回美国,在加装了一个豹 G 中型坦克的炮塔后,便放置在巴顿博物馆展览至今。

在豹 II 中型坦克的设计与生产计划无限延迟后,德军于 1943 年 11 月开始了豹式中型坦克的升级计划,并预定在 1945 年 4 月生产新型号的豹式坦克,这款坦克被称为"豹 F 中型坦克"。豹 F 中型坦克的炮塔采用窄炮塔设计,较此前豹式中型坦克的炮塔尺寸有所缩小(减小了受弹面积)。当然,随着 1945 年德国的战败,豹 F 中型坦克仅生产出样车,并未进行量产及投入使用。

173

IS-2 重型坦克

- 尺　　寸：长 9.9 米，宽 3.09 米，高 2.73 米
- 重　　量：46000 千克
- 乘　　员：4 人
- 续航里程：240 千米
- 装甲厚度：30~120 毫米
- 武器配备：一门 122 毫米 D-25T 火炮，一挺 12.7 毫米重机枪，两挺 7.62 毫米轻机枪
- 动力装置：一台 V-2-IS（V-2K）V-12 柴油发动机，功率 600 马力
- 机动性能：最大公路速度 37 千米/小时，过垂直墙高 1 米，越壕宽 2.49 米
- 产　　地：苏联

早期坦克与二战中前期坦克

IS-2 重型坦克在入役后主要分配给苏军近卫重装甲部队使用。在战斗中，这款重型坦克能够在 1500~2000 米的距离处抵御德军 88 毫米坦克炮的直射，防御性能良好。同时，122 毫米火炮能够在 1000 米内的距离处击穿 160 毫米厚的均质装甲，火力凶猛。

IS-2 重型坦克是苏联在 1944 年开始投入使用的一款重型坦克，这款坦克也称"约瑟夫·斯大林 2 型"，是苏军在第二次世界大战后期的重型主力坦克。与苏军此前装备的 KV 系列重型坦克相比，IS-2 重型坦克有着更厚的装甲与更快的速度。同时，一门 122 毫米火炮能够击穿当时德军重型坦克的正面装甲，是二战后期地面装甲力量的王牌之一。1945 年，IS-2 重型坦克更是向柏林进军的先锋，且在二战结束后的十年中仍是极具威慑力的坦克。

IS-2 重型坦克有着火力强、装甲厚，以及机动性良好的优点。但是，这款坦克也存在火炮射速较慢的缺点，每分钟仅能够发射 2~3 发炮弹。同时，这款坦克的备弹只有 28 发，需要及时补给才能进行连续作战。

早期坦克与二战中前期坦克

二战末期，苏军坦克的炮塔上经常涂有一条白线。采用这样明显标识的目的在于防止被盟军战机的误炸。

在1944年8月的一次战斗中，苏军的IS-2重型坦克与德军虎王重型坦克狭路相逢，展开了激烈的战斗。在这次战斗中，苏军取得摧毁4辆虎王重型坦克、击伤7辆虎王重型坦克的战果，但是有3辆IS-2重型坦克被摧毁，7辆IS-2重型坦克被击伤。总体而言，1944年的苏军在面对德军的重装甲部队时，已能够做到与对方势均力敌。

虎王重型坦克

- 尺　　寸：长 10.26 米，宽 3.73 米，高 3.09 米
- 重　　量：69700 千克
- 乘　　员：5 人
- 续航里程：110 千米
- 装甲厚度：25~180 毫米
- 武器配备：一门 88 毫米 KwK 43 火炮，两挺 7.92 毫米 MG34 机枪（一挺为主炮并列机枪，一挺为车体前部机枪）
- 动力装置：一台迈巴赫 HL 230 P30 12 缸汽油发动机，功率 700 马力
- 机动性能：最大公路速度 38 千米/小时，涉水深 1.6 米，过垂直墙高 0.85 米，越壕宽 2.5 米
- 产　　地：德国

早期坦克与二战中前期坦克

虎王重型坦克是德国在第二次世界大战后期投入使用的一款重型坦克,这款重型坦克也被称为"虎II坦克"(虎式坦克被称为"虎I坦克")。

虎王重型坦克的主炮为一门88毫米71倍径坦克炮,这门火炮被德军称为"8.8cmKwK43L/71",炮管长度为6.24米,可以说是当时德军坦克主炮中炮管长度最长的,比虎式重型坦克的主炮还要长。虎王重型坦克可发射PzGr.39/43穿甲弹、PzGr.40/43穿甲弹以及Gr.39/3HL高爆破甲弹。

虎王重型坦克在发射PzGr.39/43穿甲弹时,炮口初速为1000米/秒,入射角为60度时,在距目标2000米处能够击穿132毫米装甲,在距目标1500米处能够击穿148毫米装甲,在距目标1000米处能够击穿165毫米装甲,在距目标500米处能够击穿185毫米装甲,距目标100米处能够击穿202毫米装甲。

由于PzGr.40/43穿甲弹是一种硬芯(钨芯)穿甲弹,因此有着更优秀的穿深性能。当虎王重型坦克发射这种炮弹时,炮口初速为1130米/秒,在距目标2000米处能够击穿153毫米装甲,在距目标1500米处能够击穿171毫米装甲,在距目标1000米处能够击穿193毫米装甲,在距目标500米处能够击穿217毫米装甲,在距目标100米处能够击穿238毫米装甲。

虎王重型坦克的车体采用倾斜式装甲设计，在具备厚重装甲的同时也有着出色的抗弹性，装甲最厚处为180毫米。从外观上来看，虎王重型坦克与豹式中型坦克非常相似，这两款坦克的倾斜装甲设计可以说"师承"于T-34/76中型坦克，二者都是德国通过先进的工业设计与精密加工生产的经典车型。1944年，虎王重型坦克被德国投入使用。

虎王重型坦克有着优秀的性能与战斗力，但其所处时代困境也很明显，就像美军曾对虎式重型坦克的推测——德国无法大规模生产虎式坦克。据统计，虎王重型坦克的总产量为492辆，极少的产量使这款坦克或是被淹没在东线苏军的钢铁洪流与各型火炮之中，或在西线英、美军的空中优势打击中"身首分离"。毕竟，以实战经验来看，装甲再厚重的坦克，顶部也是脆弱的。

此外，虎王重型坦克的底盘也被用于猎虎坦克歼击车的设计与生产，这款生产成本低于虎王重型坦克的战车被德军投入东、西线战场，以延缓盟军的攻势。

虎王重型坦克的驾驶位

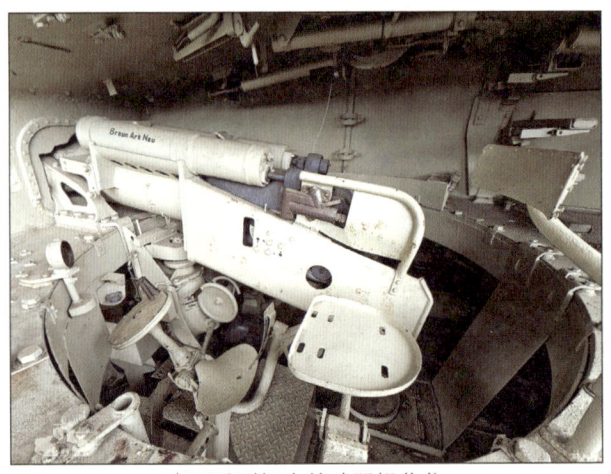

虎王重型坦克的武器操作位

早期坦克与二战中前期坦克

虎王重型坦克的排气管位于车体后方，共有两根

183

IS-2 重型坦克

- 尺　　寸：长 9.9 米，宽 3.09 米，高 2.73 米
- 重　　量：46000 千克
- 乘　　员：4 人
- 续航里程：240 千米
- 装甲厚度：30~120 毫米
- 武器配备：一门 122 毫米 D-25T 火炮，一挺 12.7 毫米重机枪，两挺 7.62 毫米轻机枪
- 动力装置：一台 V-2-IS（V-2K）V-12 柴油发动机，功率 600 马力
- 机动性能：最大公路速度 37 千米/小时，过垂直墙高 1 米，越壕宽 2.49 米
- 产　　地：苏联

虎王重型坦克

- 尺　　寸：长 10.26 米，宽 3.73 米，高 3.09 米
- 重　　量：69700 千克
- 乘　　员：5 人
- 续航里程：110 千米
- 装甲厚度：25~180 毫米
- 武器配备：一门 88 毫米 KwK 43 火炮，两挺 7.92 毫米 MG34 机枪（一挺为主炮并列机枪，一挺为车体前部机枪）
- 动力装置：一台迈巴赫 HL 230 P30 12 缸汽油发动机，功率 700 马力
- 机动性能：最大公路速度 38 千米/小时，涉水深 1.6 米，过垂直墙高 0.85 米，越壕宽 2.5 米
- 产　　地：德国

>> 早期坦克与二战中前期坦克

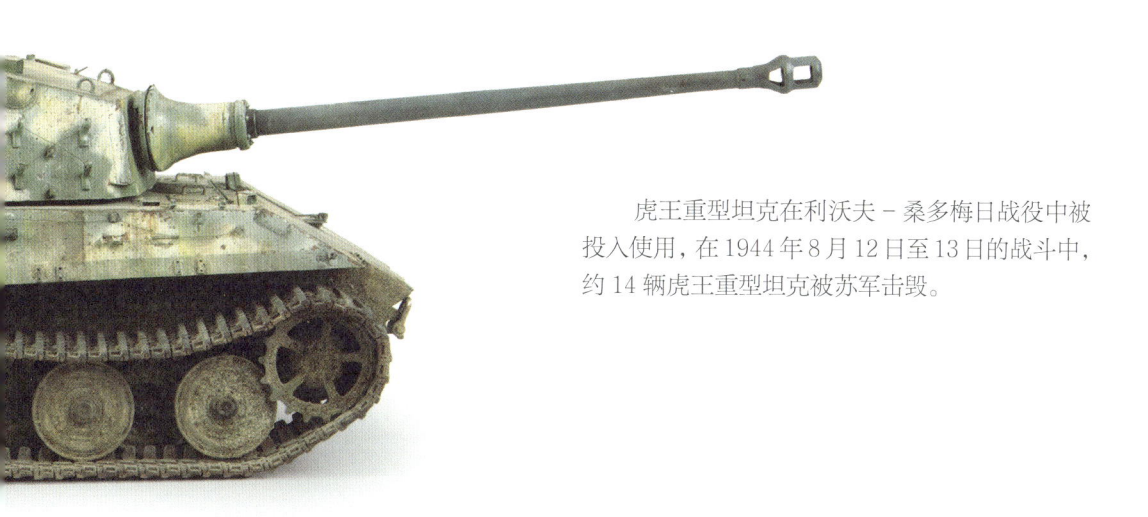

在 1944 年的战斗中,苏军装备的 IS-2 重型坦克已能够威胁到虎王重型坦克,使德军装甲部队不再具备 1943 年时的装甲优势。

虎王重型坦克在利沃夫 – 桑多梅日战役中被投入使用,在 1944 年 8 月 12 日至 13 日的战斗中,约 14 辆虎王重型坦克被苏军击毁。

图书在版编目（CIP）数据

早期坦克与二战中前期坦克 / 罗兴编著. -- 长春：吉林美术出版社, 2025.3. -- (世界武器百科).
ISBN 978-7-5575-9353-7

Ⅰ.E923.1-49

中国国家版本馆CIP数据核字第2024UV0687号

世界武器百科　早期坦克与二战中前期坦克
SHIJIE WUQI BAIKE　ZAOQI TANKE YU ERZHAN ZHONGQIANQI TANKE

编　　著	罗　兴
责任编辑	陶　锐
开　　本	720mm×1000mm　1/24
印　　张	8
字　　数	72千字
版　　次	2025年3月第1版
印　　次	2025年3月第1次印刷
出版发行	吉林美术出版社
地　　址	长春市净月开发区福祉大路5788号
	邮编：130118
网　　址	www.jlmspress.com
印　　刷	吉林省科普印刷有限公司

ISBN 978-7-5575-9353-7　　定价：29.80元